讓皮革融入居室，家居散發簡約風

手創皮革小物2

研出版

首先真的非常感謝各位的支持，第一本《手創皮革小物》大賣，致使今年再出版第二本。銀包，卡套等隨身皮革物大家都有概念了，所以今次思索了很久該教導大家甚麼作品呢？

本人也製作了很多皮革隨身物，慢慢，皮革隨身物已多到用不著了，然後開始製作了很多小品如時鐘，皮革紙巾盒等報置工作室。發現原來有很多學生也喜歡這些家居小物，覺得很獨特別緻，在市面上很難找到類似的款式，所以我決定將這些家居皮革品輯錄為書，讓大家為自己的家居裝飾一番。

皮革其實是一種非常好的手作物料，不同厚度的皮革可以配合製成千變萬化的作品，所以不要局限自己的思維，認為皮革只可造銀包，卡套等款式，其實只要發揮創意也可創作成很多不同類形的皮製品。希望今次家居作品系列能刺激大家的創意，非常樂意見到你們給我看看你們新的製成品。

在此當然要感謝我的團隊，繼續邀請到 YY 為這本書作非常精美的插圖、親身上陣做模特兒的 Maki，拍攝很多精美圖片的攝影師 Fai 等等，還有很多很多人。

希望這書能喚醒大家對手工的樂趣，可以讓大家忘卻煩憂及得到很大的成功感。

GLAMOUR LEATHERSHOP

king

PART 1
序章

010 皮革介紹

014 工具介紹

PART 2
手縫技巧教學

018 描繪

019 裁切

020 皮革背面處理

021 貼合

022 打縫孔

023 上針

024 縫線

026 收針

028 五金扣具

032 拉鍊做法

034 染色教學

035 壓字

036 修邊

037 皮面防護

PART 3

作品

contents

040
心形書籤
Heart Bookmark

046
滑鼠墊
Mouse Pad

076
掛牆盆栽籃
Wall Hanging Planter

106
咕啞
Cushion

052
便攜鏡
Portable Mirror

082
樹形牙籤套
Tree Toothpick Sleeve

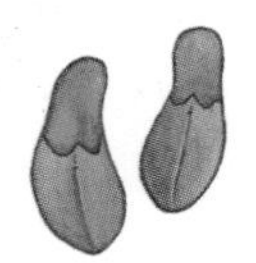
114
家居皮拖鞋
Leather Flip Flop

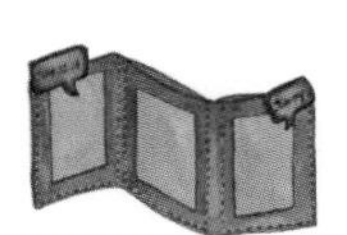
058
屏風式相架
Photo Frame

088
鎖匙扣
Key Chain

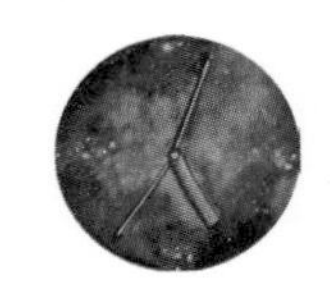
120
星空時鐘
Galaxy Clock

064
座枱日曆
Perpetual Calendar

094
雜物搖控架
Remote Control Holder

128
首飾盒
Jewelry Box

070
樹葉形小物兜
Jewelry Plate

100
紙巾盒套
Tissue Box Cover

136
掛牆雜物袋
Wall Hanging Storage Bag

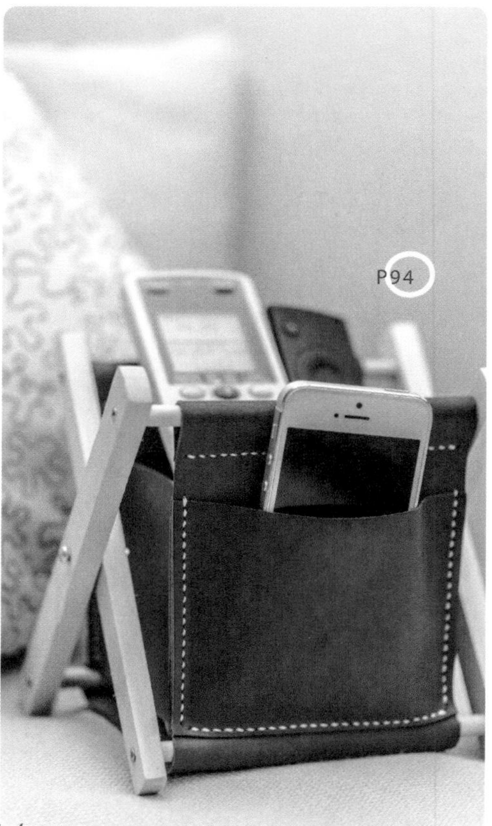

leather

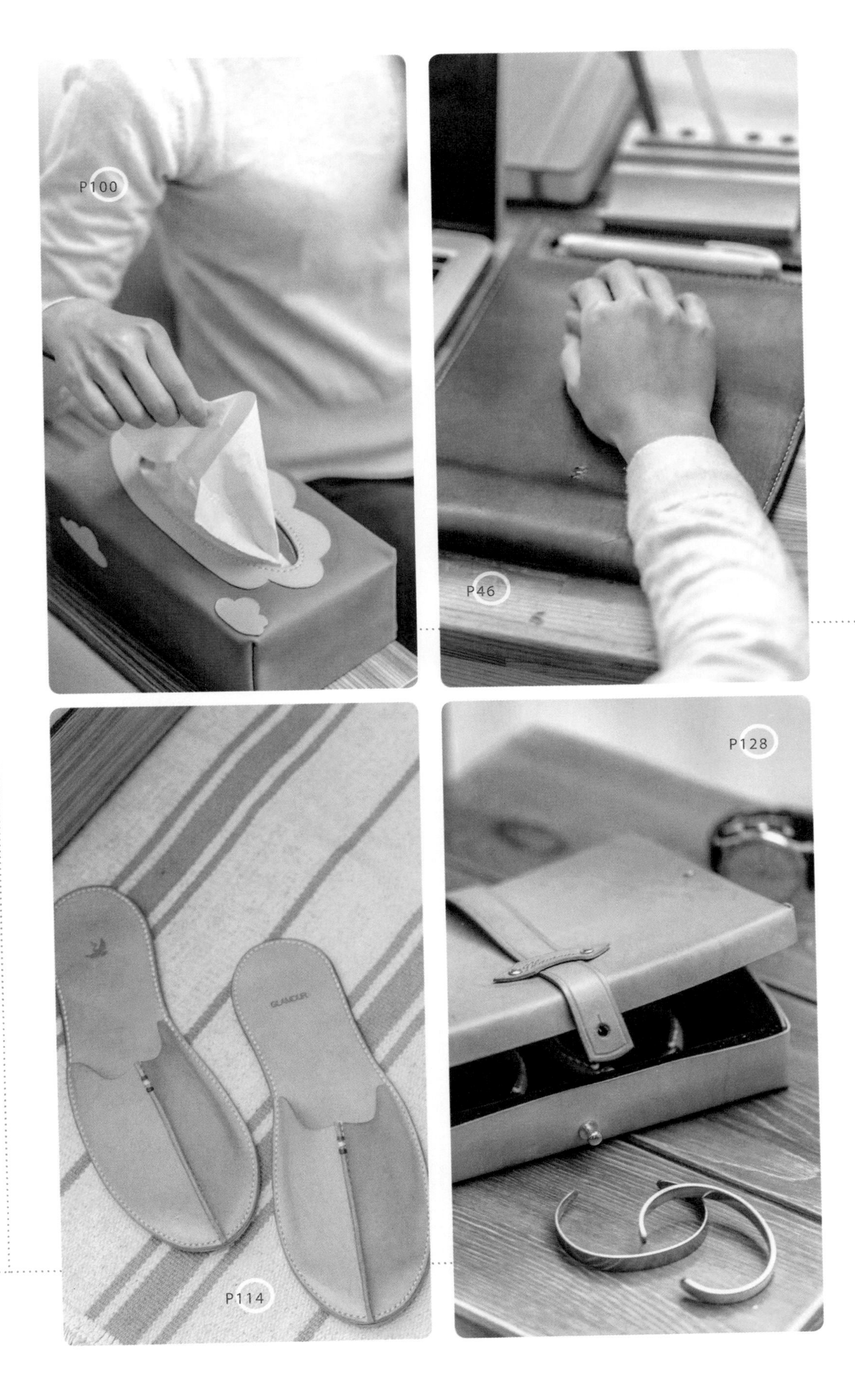
P100
P46
GLAMOUR
P128
P114

P120

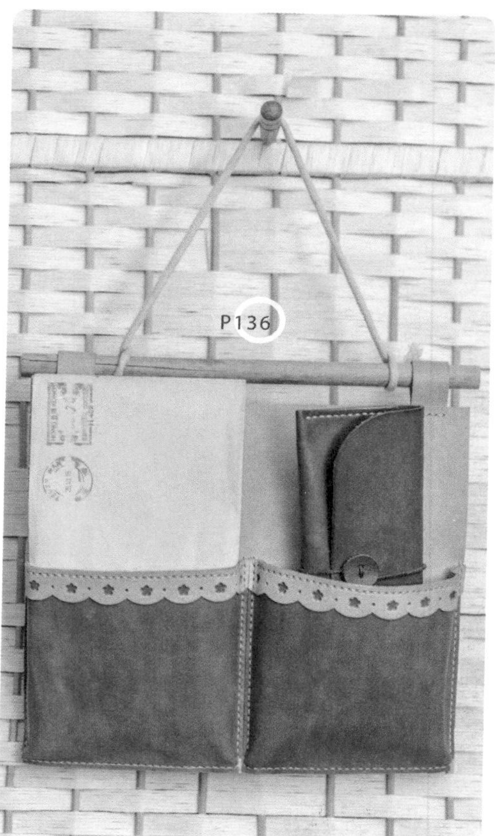
P136

SAT
0
4
2
7
P64

P106

P58

P52

lifestyle

P76

P40

introduction

皮革介紹

皮革主要來自牛、羊、豬，當然還有蛇、鴕鳥等另類動物，但不同皮革因加工製法而有所不同，皮革特性也大不同。

常見的皮革天然特徵

牛皮皮層可分為三層，最表層表皮佔總厚度的 1%，而適合用來製成皮革的真皮佔 85%，餘下的為皮下組織，通常真皮外其他兩層皮會剝掉不用。

皮革鞣製手法

植物鞣 (Veg-Tanned)

俗稱「樹膏皮」，近年大家崇尚自然環保，植鞣皮使用植物的丹寧酸來鞣製，此方法為傳承了幾百年的工藝，製作過程只含純天然動植物成分。皮料本身會散發著一種淡淡的皮革香氣，保留了皮革本身良好的吸水性，容易加工。並且未經化學加工，皮革的自然紋理及質感得以保留。一般見於原色皮具及雕刻皮製作，因此本書的皮具也是採用此製革的牛皮。

鉻鞣 (Chrome-Tanned)

工業革命以後開始用以硫酸鉻來鞣製皮革，此方法處理的皮革會同時進行染色處理，故市面上的鉻鞣皮革都已做好顏色處理，一般見於製作服裝及皮鞋，或是傢俱、室內裝潢使用，範圍甚廣

牛皮的不同部位

每頭牛隻都有不同的外貌，所製作出來的皮革紋理、物理特性皆不同，根據皮革各部位的延展性、拉力強度、厚度和挺度不同的特性和商品設計融合起來，能使皮革製品更加耐用適用。

A）背部 （Double Butt）

這個部位組織比較不易延展變形，可優先來製作袋身， 又因為此部位長度較長，一段用來裁剪像皮帶或腰帶等商品。

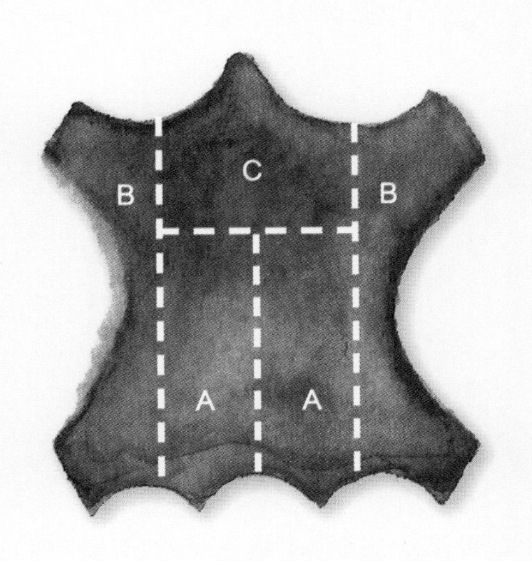

B）腹部 （Belly）

這個部位組織為疏鬆柔軟且延展性較大，可用來做內層口袋或貼邊用料使用。

C）肩頸部（Double Shoulder）

這個部位組織厚實，可承受較大強度，因此以耐用出名，可用來製鞋墊、皮箱等成品。

皮革厚度

初學者在選購皮革時經常遇到的問題之一是皮革的厚度。市面上可見的皮革都已削成較均勻的厚度，購買前請仔細檢查皮革的厚度，依據自己想製作的作品，挑選適合的加以運用。

外層或受力位應該選擇厚身的皮革，以免受力拉扯會變形，而內格因為有多層皮革重疊的關係，所以應選用薄身的皮革。

本書使用的皮革厚度，薄的約 1.2 - 1.4mm，厚的約 1.8 - 2.2mm。如找不到適合的厚度時，也可請皮革鋪代為削薄。

測試真假皮革方法

真皮革是由動物皮加工而成，假皮革實際是由化工原料人工合成。

	真皮	假皮
形狀	不規則，厚薄不均。	厚度、花紋均勻，表面平滑，無自然殘缺。
表面	皮革的表面可以看到花紋、毛孔確實存在，並且分布得不均勻，反面有動物纖維。	表面平滑，無自然殘缺，花紋也很均勻。
吸水性	強	差
手感	很好的彈性與拉力，較滑爽和柔軟。 皮革正面向下彎折 90 度左右會出現自然皺褶，分別彎折不同部位，產生的折紋粗細、多少，有明顯的不均勻。	彈性與拉力較差 仿皮手感像塑料，回復性較差，彎折下去折紋粗細多少都相似。

皮革保養

一般皮具的日常保養

最好擺在通風良好的地方，或放一些防潮劑在皮具內面避免受潮發霉。皮件表面經長期使用，難免會有細微傷痕，可藉由手部油脂或皮革保養油使細微傷痕淡化。

香港天氣潮濕多雨，皮革易受潮發霉，一旦發現需及早處理，只要霉菌的根尚未進入皮革纖維中，用乾淨的布將表面的霉菌擦拭掉，最後再以保養油擦拭即可，但絕對不要把去污斑劑、鞋油或強烈清潔劑用於皮具上。

當皮具被雨或水弄濕，可即用乾布將水珠拭乾，然後放在通風處自然風乾，不要使用吹風機吹乾，因為這樣會令皮革表面龜裂損傷。定期為皮具上保養油，也能保持其光澤。

清潔皮革小竅門

五金：　當微氧化時，可用牙膏擠在棉布上，擦拭五金表面；避免用油性物質塗抹於上，以免灰塵附著於上。

撕裂：　若是小裂痕，可在裂痕處塗點不著色雞蛋白，放置一段時間，裂痕即可粘合。

膠水：　用一塊同色的皮，沾上少許酒精，在汙跡上輕擦。

油脂：　爽身粉可吸取油脂，因此把爽身粉灑在沾有油脂的皮革表面及底部，放置一段時間，然後用布於裏外兩邊擦去油跡。

筆跡：　用同色的皮或棉花棒尖端沾上酒精，在汙跡上繞圈輕擦，但不要一次使用過多酒精，以免留下印痕。

皺紋：　可用熨斗熨平，切記要用軟棉布覆蓋在有皺紋的地方。

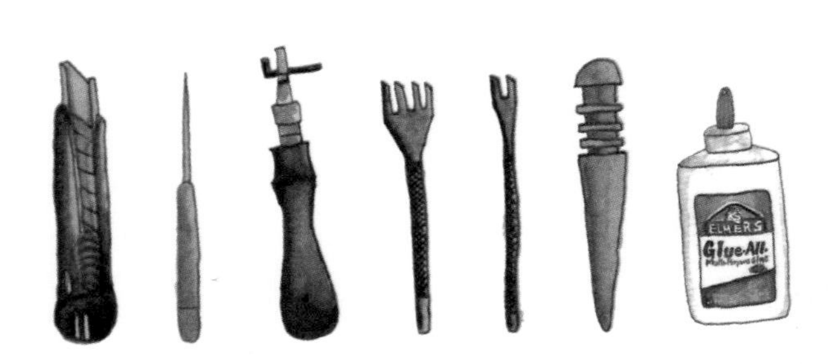

基本工具

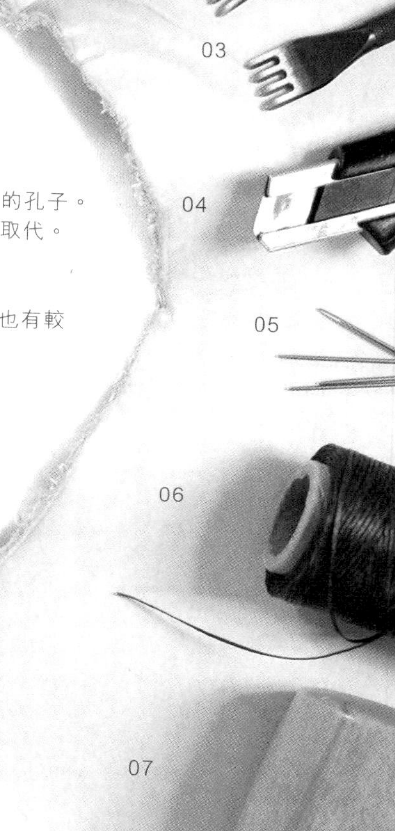

01 **膠墊板**
敲打菱斬時使用，防止破壞檯面。也可找厚雜誌代用。

02 **錐子**
在皮革上劃點及線用，必要時亦能刺出孔子。

03 **菱斬（兩齒及四齒）**
縫製皮革必須先打洞才可穿針線，菱斬可打出菱形的孔子。如果短暫性用的，可找細一字螺絲批或細圓孔沖子取代。

04 **美工刀**
切割皮革時用，最好找木工用的，比較鋒利。雖然也有較專業的裁皮刀，但對初學者亦相對難控制。

05 **圓頭針**
手縫用的針會比較粗，針頭也較鈍。

06 **蠟線**
堅固及耐用性較高，而且方便收針。

07 **木鎚**
敲打菱斬及沖子等用的，木鎚較輕身，可省力及避免受傷。

08 **鐵尺**
不要用膠尺輔助裁切，必需使用鐵尺。

09 **CMC**
皮背處理劑的一種，可使用在皮底及皮革邊緣，讓皮纖維貼服和順滑。沒有的朋友也可找白膠漿開水代用。

10 **雙面膠紙**
將皮革貼合在一起，避免走位。

11 **切割墊**
裁切時用，而當中的格仔也可幫忙作量度之用。

01 02 03 04 05 06 07 08 09 10 11

木制修邊器
磨邊用，可使邊緣拋光。

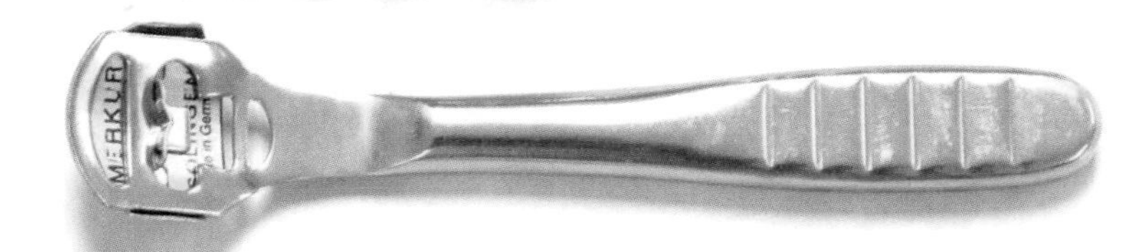

削邊器
削薄皮革之用，只用作少部份的位置，如摺疊位及重疊位。

挖槽器
縫線前在皮革邊緣拉出一條溝，這能使打孔更直及更準。並且也能把線藏在溝中，這樣可避免磨斷線，更耐用。

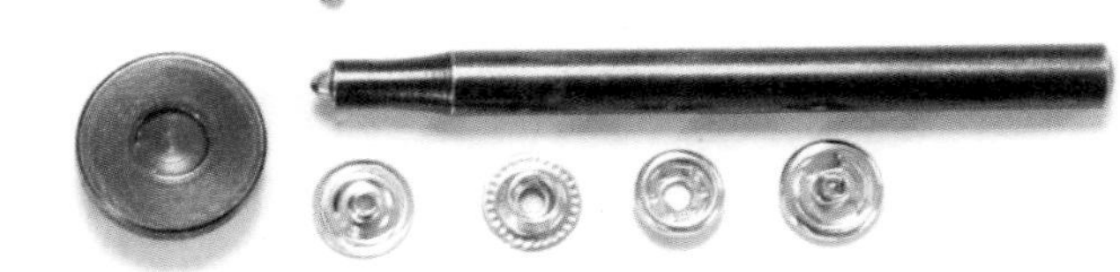

四合鈕及模具
鈕扣的一種，某些作品須要鈕扣作開合之用。

撞釘及模具
固定皮革之用。

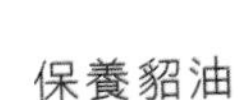

保養貂油
塗抹左皮面上，增加皮面光澤，防水，防脫色，防霉等功效。

附加工具

除了介紹了的基本工具，在此也提及一下其他較常用的輔助工具。

當然另外還有很多進階的皮革工具，這就讓你們熟練基本工具後再慢慢發掘了。

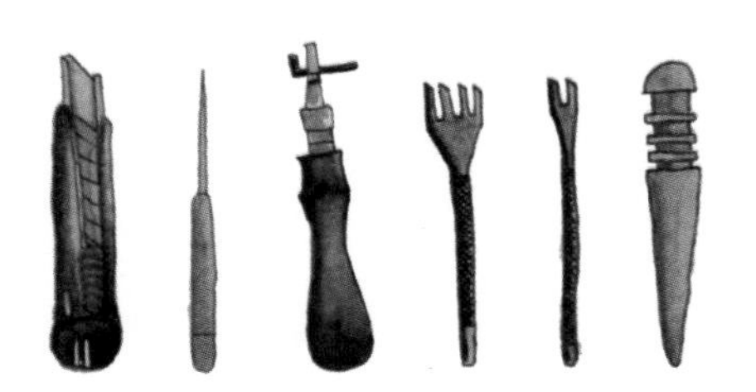

手縫技巧教學

其實製作皮革小物絕對沒有想像中困難，以下將教授一些基本的手縫技巧，只要學懂了，書內的作品絕對能輕鬆完成。

lesson 1

描繪

對各初學者來說，繪畫紙樣是製作皮革的第一步，可減少裁皮時失誤。

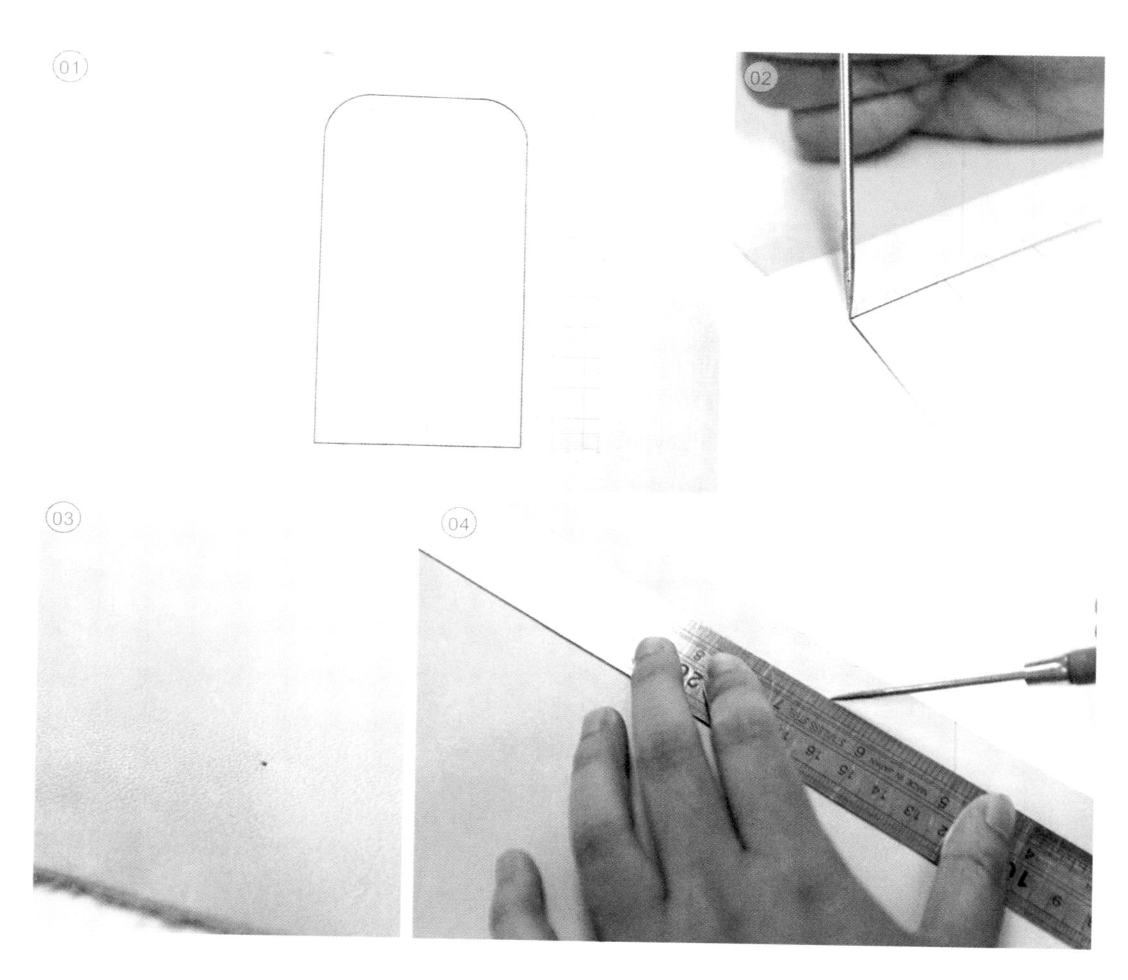

01 先在格仔紙上繪畫紙樣，將紙樣用皺紋膠紙或重物壓在皮革上防止移位。

02 用錐子在轉角位線輕輕一拮。

03 撕掉紙樣後，會看到皮面上很多小孔形成的圖案。

04 用錐子把各點連起來，然後把皮革上的圖案裁切出來。

lesson 2
裁切

一把美工刀都可以把皮革裁切得準和靚。

01 鐵尺放在要保留的皮革上，可避免不小心向內裁切而毀了所需要的形狀。

02 握著美工刀時盡量放平可輕易裁切出直線，裁切時謹記按實鐵尺，複刀時從頭到尾用力裁切多次，不然有機會裁成數條線。

03 當皮革切不斷時，應複刀數次直至斷開，不要強行拉斷皮革，否則皮革會變形及出現毛邊。

04 裁切彎位時，將彎位當成裁切直線一樣，分成多次裁切就成了。

lesson 3

皮革背面處理

真皮的背層大多有毛纖維，很毛糙，要利用 CMC 令背部貼服順滑。

01 將粉狀 CMC 倒進器皿，然後加入約 20 倍份量的水，等待數小時直至 CMC 變成漿糊狀便可。

02 擠入少許 CMC 在皮革背面，用平底輔助工具，如量角器把膠水向一個方向推開。

03 重複上述步驟直至塗勻，但小心不要把 CMC 塗到邊緣，以免弄到皮革正面有膠水污漬。

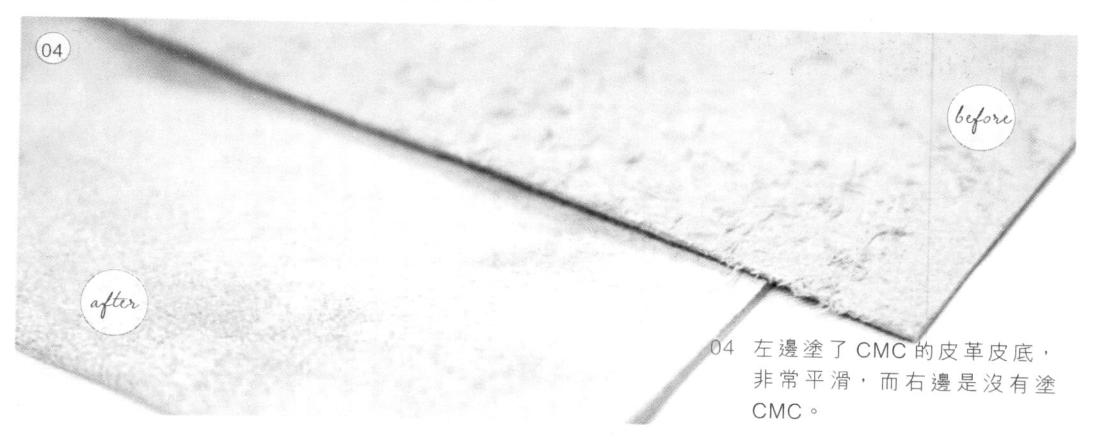

04 左邊塗了 CMC 的皮革皮底，非常平滑，而右邊是沒有塗 CMC。

lesson 4
貼合

當縫合兩塊皮革前，可以把皮革貼合在一起，以避免出現走位的情況。

(01)

01 皮革貼合好才能打孔縫線，貼合時可用雙面膠紙或皮革膠水貼合，使用雙面膠紙可撕開再來，對新手而言更易掌握。

(02)

02 把雙面膠紙貼在皮革邊緣。撕掉雙面膠紙的白色部份，確保膠紙貼近邊緣而不會太入妨礙放卡等用途。

(03)

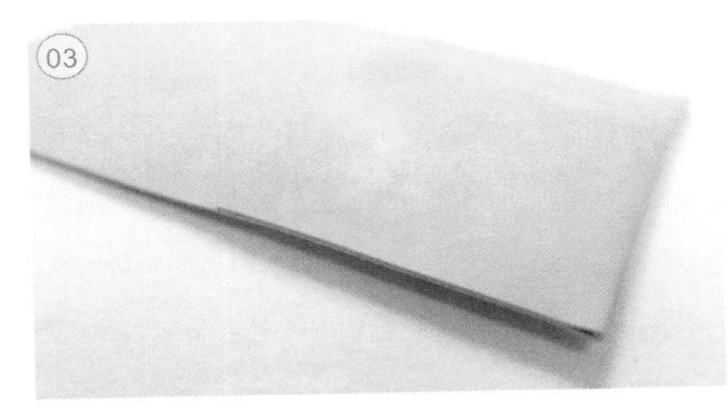

03 貼合時先從一邊開始對齊，然後掃向另一邊。

(04)

04 如果貼合後有邊位凸出，先裁切整齊才打縫孔。

lesson 5

打縫孔

打縫孔是製作皮革品其中一個重要的步驟，必須有孔才能縫合。

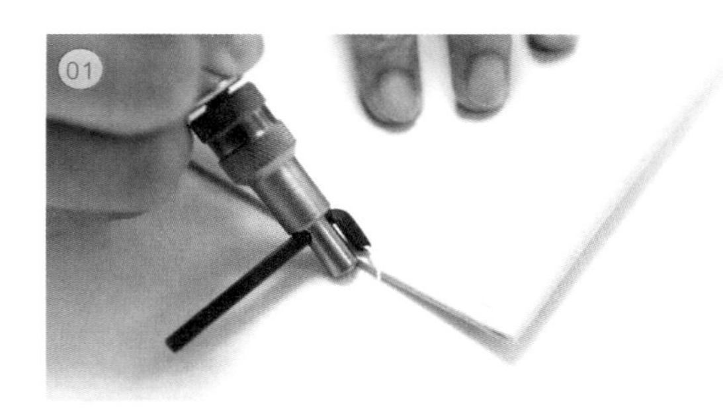

01 用挖槽器在邊緣拉出一條坑紋，打孔時可沿著坑紋敲打會更整齊，同時把線藏到坑紋中會更耐用。

02 把菱斬置於縫線上，然後用木槌垂直敲打。

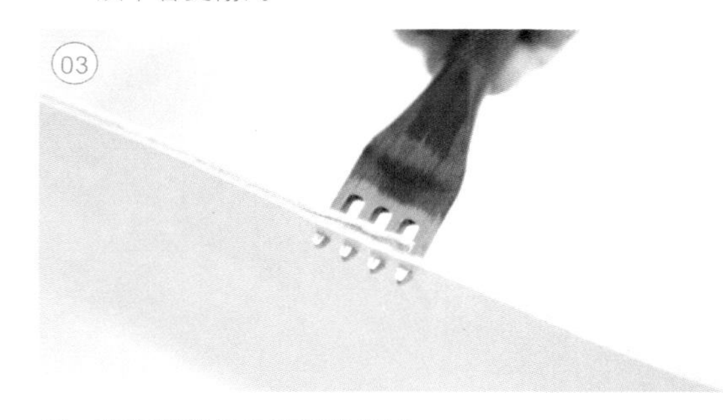

03 直至菱斬的齒穿過整張皮。

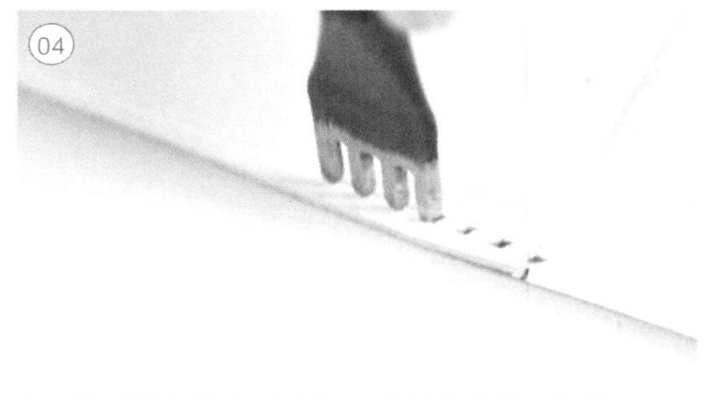

04 菱斬用前後方式拉出，再把菱斬第一隻腳重疊於最後一個孔，這樣可確保每個洞之間的距離是一樣。

05 遇上轉角位時，先用菱斬壓出洞痕，再按照洞痕打孔，否則角位的洞就會出現十字形。

06 遇上轉彎位時，可轉用二齒菱斬，同樣重疊在之前的孔敲打便可。

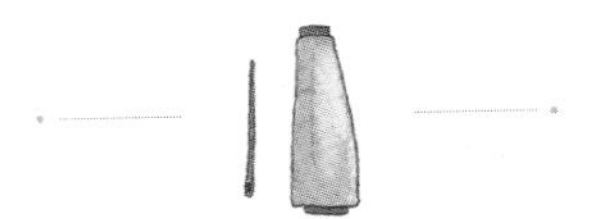

lesson 6
上針

一般來説，縫製皮革需要預備兩枝針，以下是一般的上針方法。

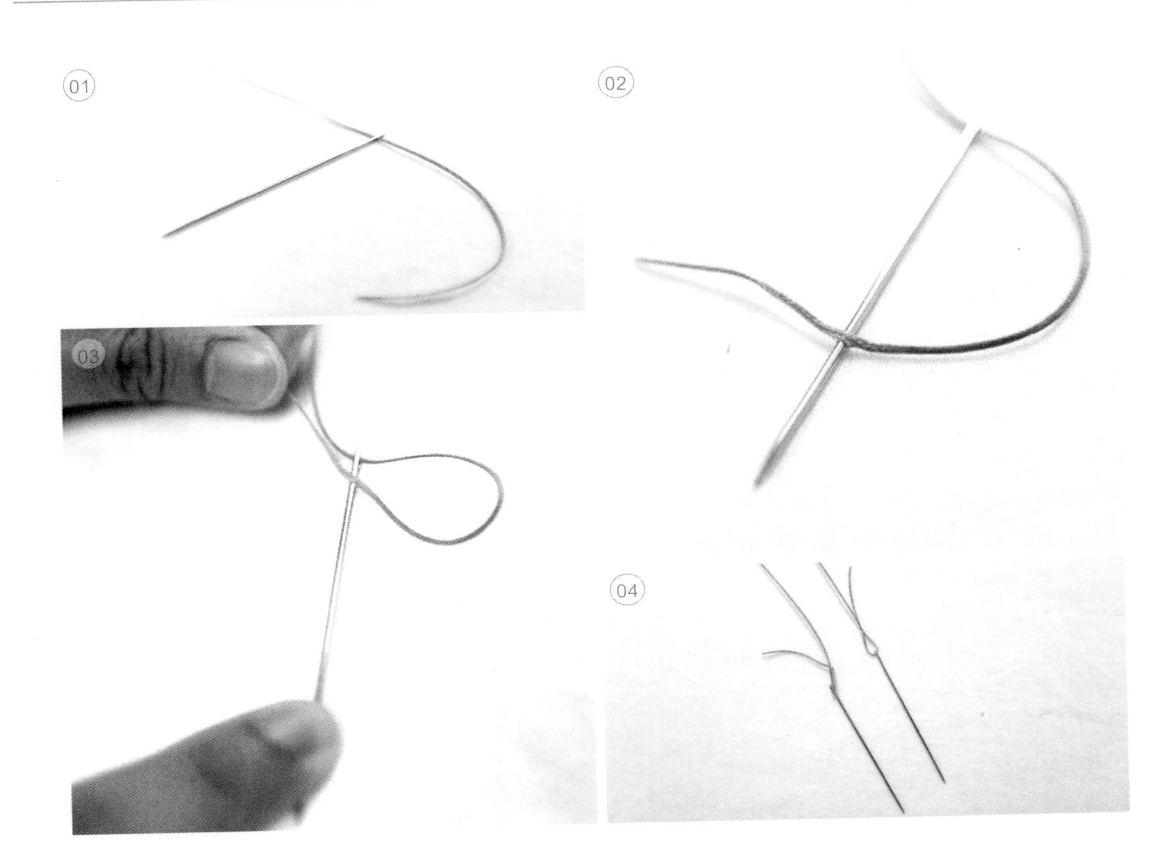

01 預備蠟線的距離為縫製長度的5倍，當然皮革較厚或縫製距離很短就需要預留長多一點蠟線。

02 把線穿過針底的針孔，線尾預留比一支針長的長度，把針刺入線內穿過線尾的線。

03 然後把線向下拉，穿過針一直拉到尾，確保針不會掉出來便可。

04 另一端同樣重複以上步驟， 完成單線雙針的動作就可以用來縫合。

lesson 7 縫線

以下是本人慣性的平縫方法，縫線方法因人而異，最重要是方便及整齊。

01

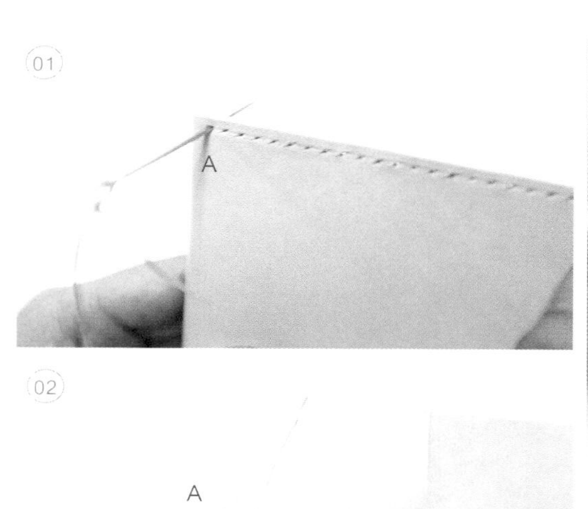

02

03

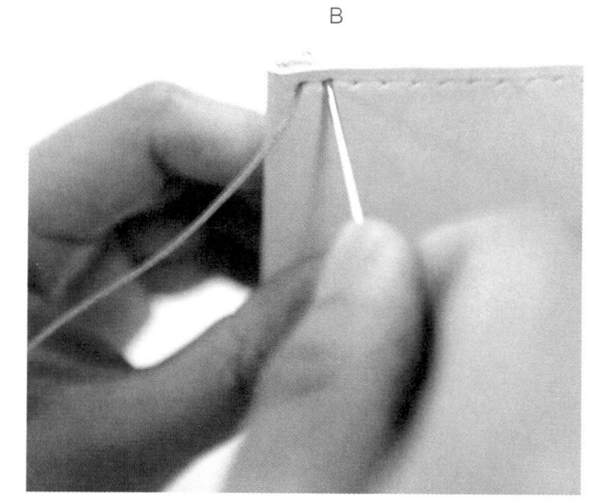

04

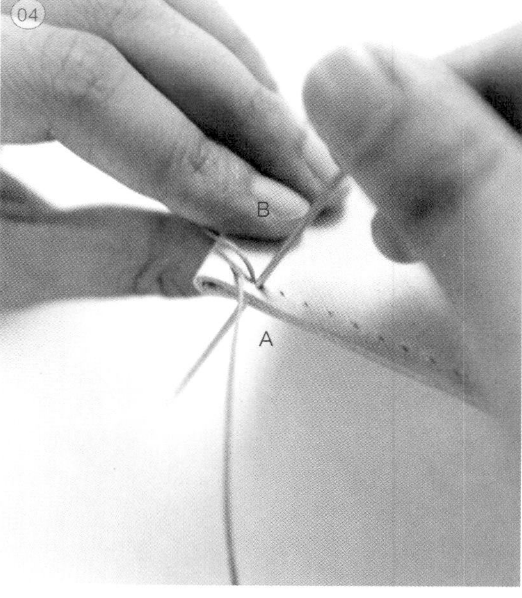

01　首先，要清楚自己拿針的慣性，如右手拿針便從左邊縫至右邊，如左手拿針的便從右邊縫至左邊。現在示範是大多數人慣用的右手拿針方法。將 A 針穿過第一個孔。

02　把 A、B 針線對齊使兩端線等長。

03　拿起 B 針穿到左邊的第二個孔，將針線完全拉緊到背面，對齊兩線。

04　把 B 線向後拉；A 線向上拉。把 A 線在第二個孔穿回到正面，但小心針不要穿到 B 線的中間，把 A 線全拉到正面。

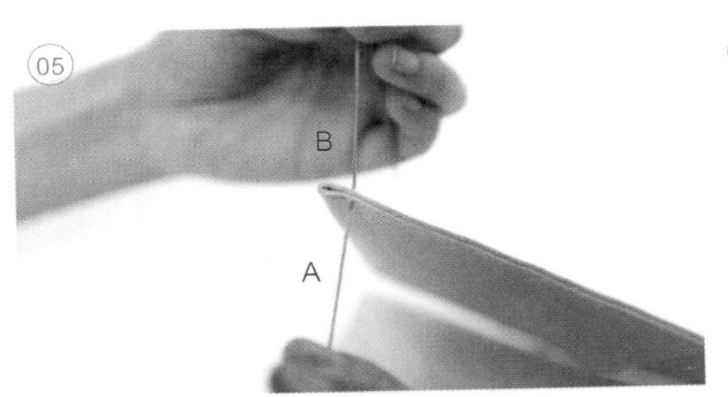

05 前後拉緊，重複以上步驟，把 A 針穿到右邊的孔，B 針在同一個孔穿回正面。

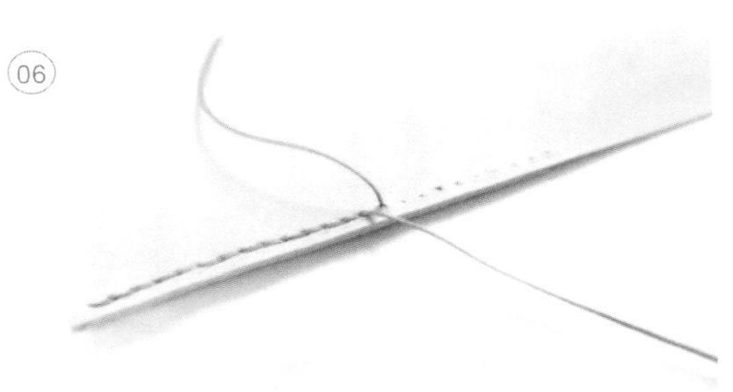

06 可以看到線色是隔著的，因線不斷前後交替，這是手縫的特色，比車縫的線有更強的拉力。

tips

力度跟步法會影響線形，以下有幾個情況在縫線時要注意。

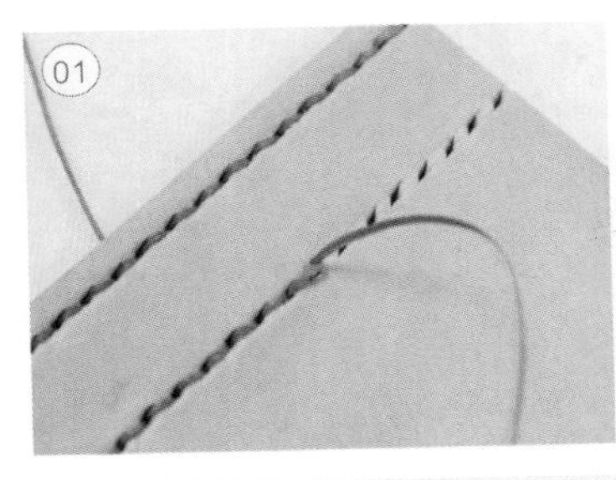

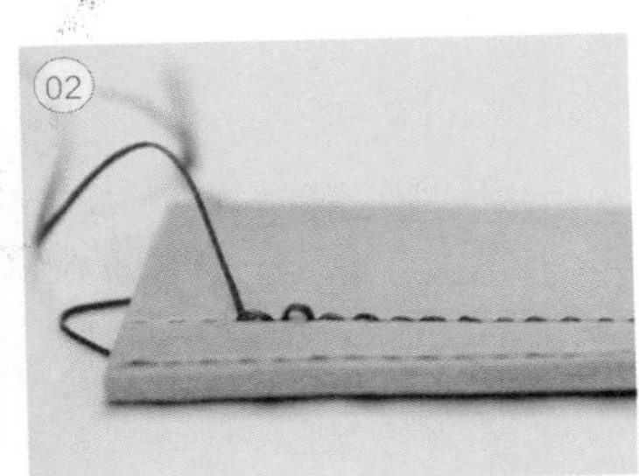

錯誤 1： 縫針時穿過線的中間。

錯誤 2： 前後拉緊線時力度不一。

錯誤 3： 縫線的步法不一，進出時上時下，使針步凌亂不整齊。

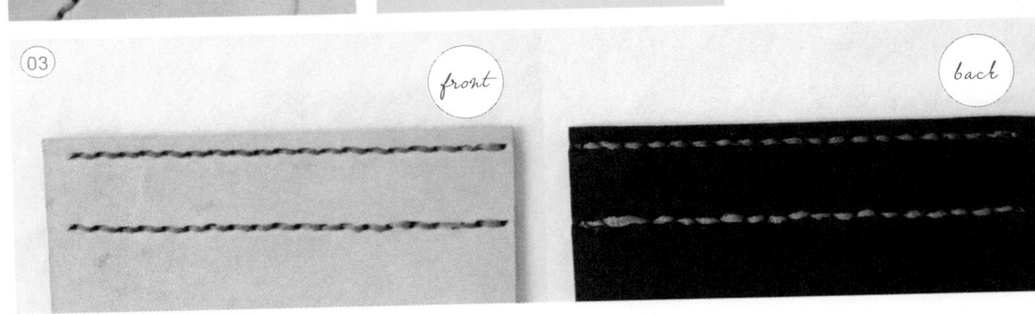

lesson 8 收針

收針是最令新手抓破頭的一大問題，其實基本上收針有兩種方法。

收針方法 1：適用於皮革背面不外露的情況

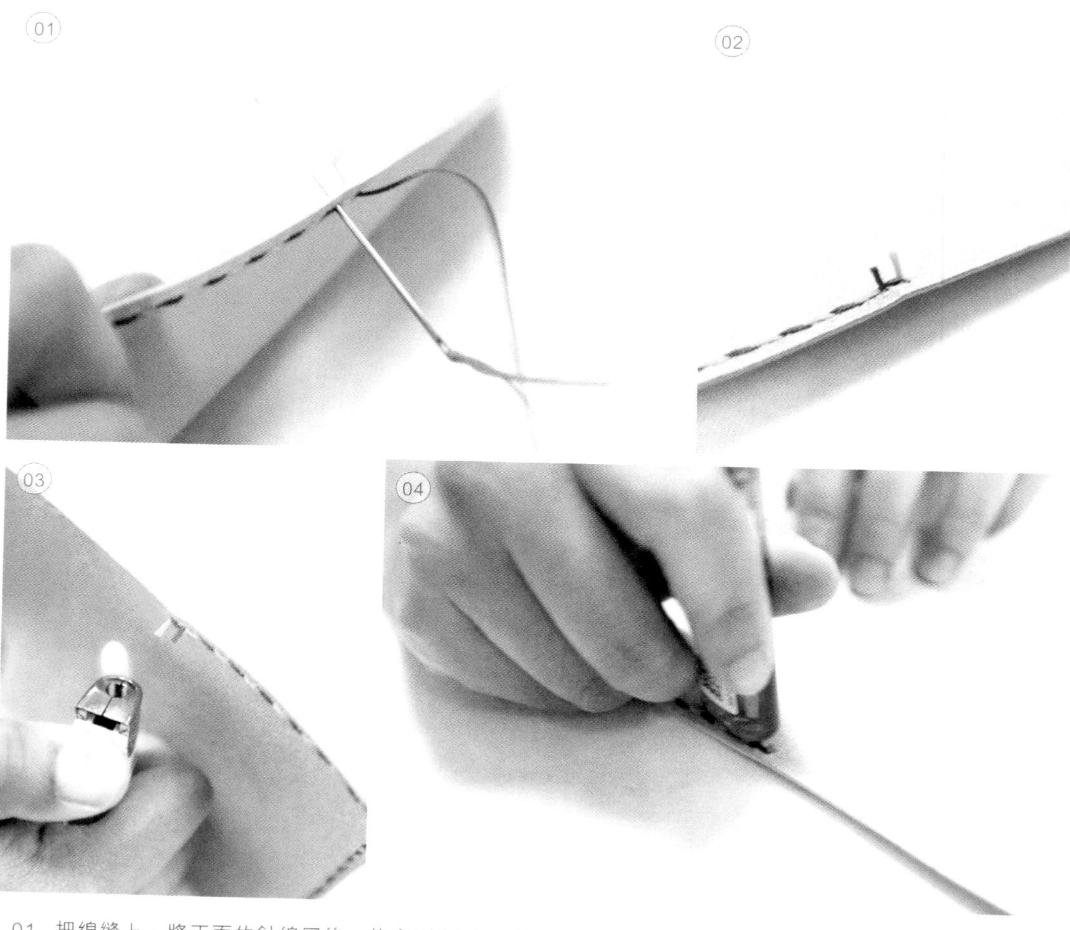

01 把線縫上，將正面的針線回後一格穿到背面，使兩條線皆在背面。

02 留少許線尾，剪掉多餘的線。

03 用打火機燒掉剩餘的線尾。

04 利用打火機的底部把燒熔的線壓平，扁平了的線尾就不會走線，亦不會影響皮革正面的外觀。

收針方法 2：適用於皮革兩側皆外露的情況，所以不能用火燒線收尾

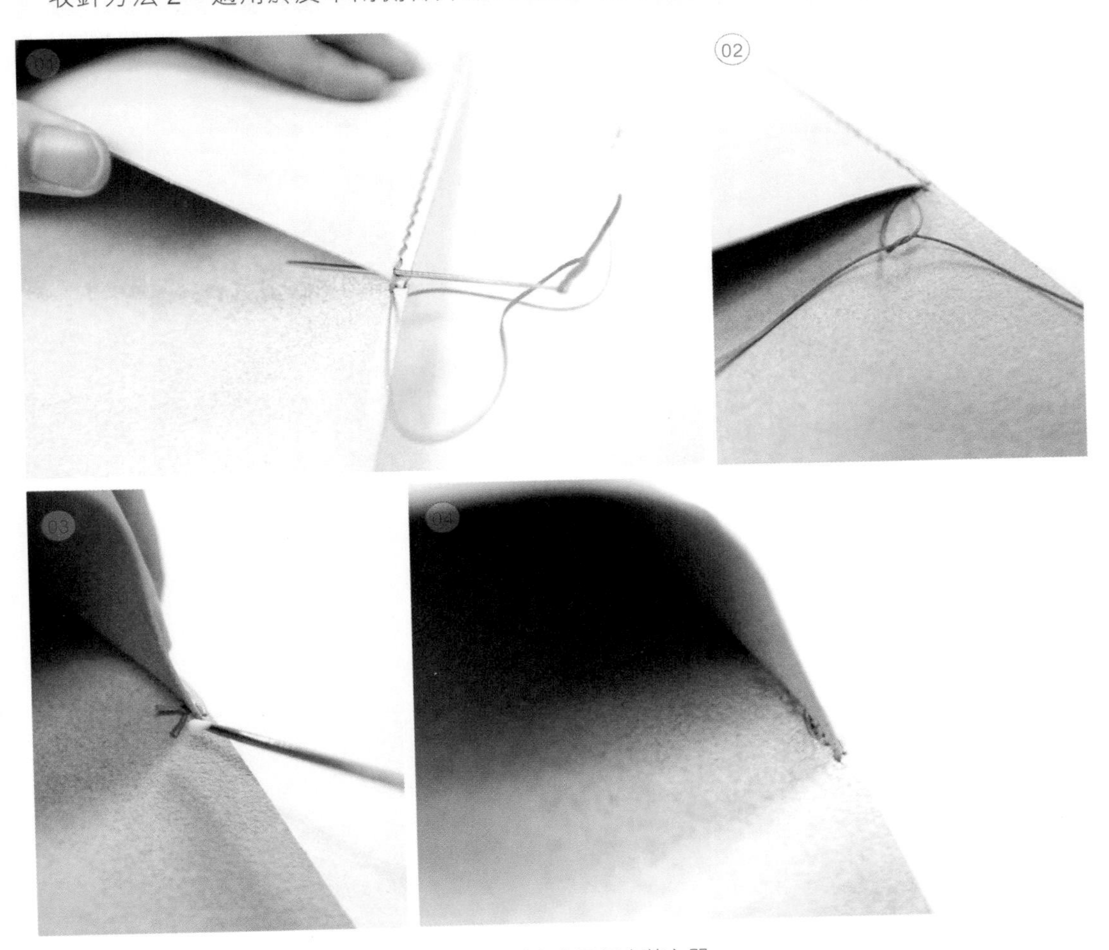

01　把線縫上，將正面的線回針後一個洞，打斜穿進兩層皮革之間，另一條針線同樣。

02　將兩線打死結，死結拉至最貼皮層，留少許線尾，剪掉多餘的線。

03　死結仍有機會鬆脫，所以在死結位置塗上白膠漿。

04　把死結及線尾壓扁平在夾層中，不會影響皮革正反面的外觀。

lesson 9
五金扣具

只要配合合適的模具，安裝五金扣具一點也不難。

磁石扣安裝法

01 磁石扣在皮革上大多是外露的款式，由上扣和下扣組成。

02 安裝時把扣子放在皮革上輕壓。

03 用平斬依壓痕打出開口，或是用木工刀小心裁切兩個洞。

04 把磁扣的腳穿過兩洞，放入墊片保護皮革。

05 用鉗子將兩腳夾平固定。

06 另一邊以同樣的方法完成。

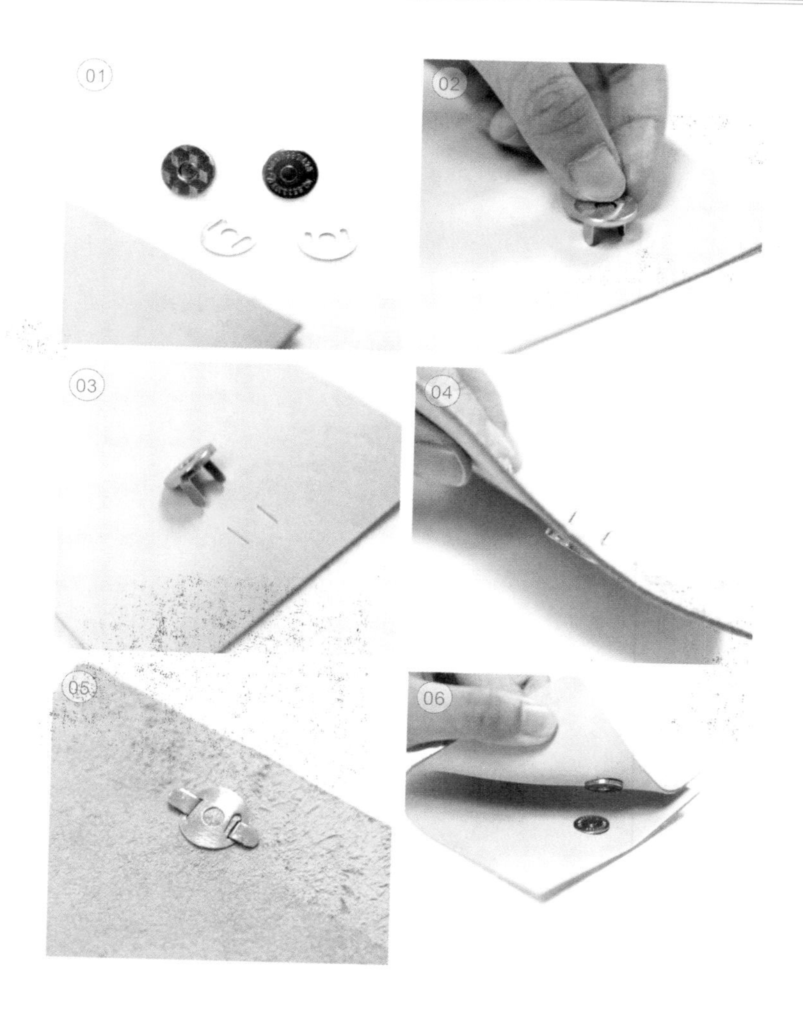

和尚扣安裝法

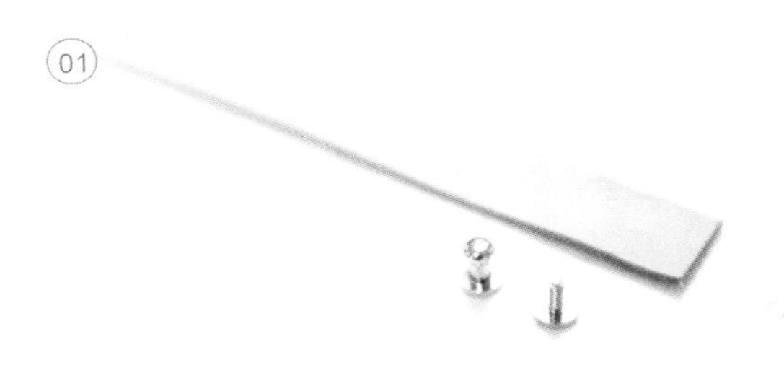

01 和尚扣是較方便的扣具，不需用特定的模具。

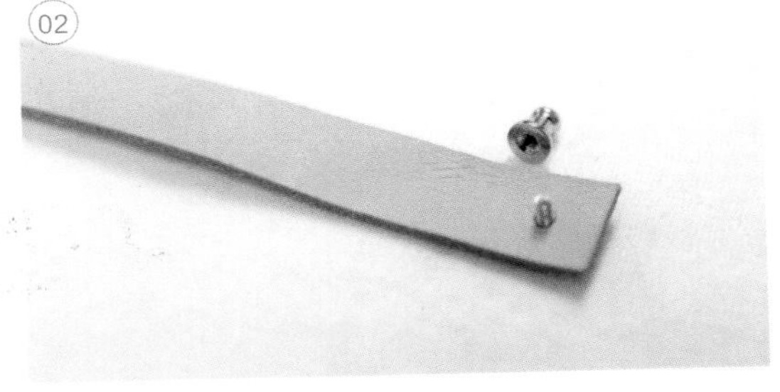

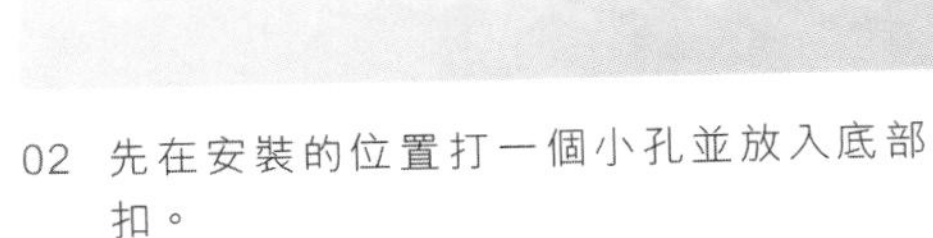

02 先在安裝的位置打一個小孔並放入底部扣。

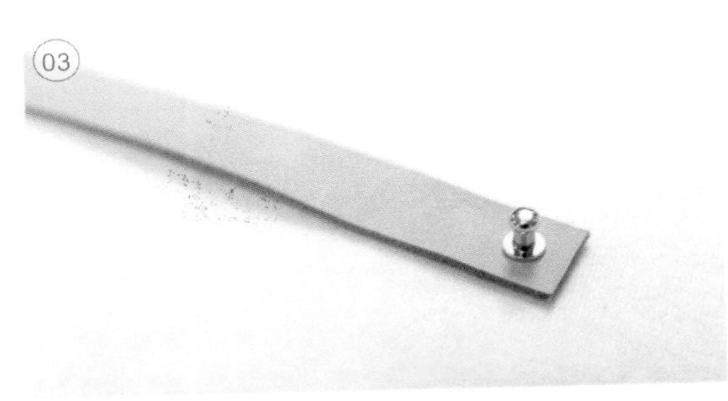

03 扭上螺絲前可塗上少許白膠漿，令扣位不易鬆脱。

04 皮革面蓋用圓沖打出一個跟和尚扣頸位粗度相約的洞，千萬不要以和尚扣最粗頂部計算，這樣會很容易鬆脱。然後在洞上方裁切或用平斬鑿出一個開口。

05 仍穿不過和尚扣的話，可再加長開口，剛剛好將皮革牢牢地穿入和尚扣便可。

雞眼扣安裝法

01　雞眼扣是增強洞的耐用性及強度。

02　打雞眼扣時必須選擇口徑合適的圓沖打洞。

03　首先把環扣放在底座。

04　把皮革套上，放上墊片。

05　套上模具敲棒，然後敲打直至雞眼扣與墊片緊密接口。

06　打完扣後可試用手指轉動看看有否鬆脫的問題。

撞釘安裝法

01 撞釘有固定的作用，所以選擇合適腳長的撞釘是很重要的。

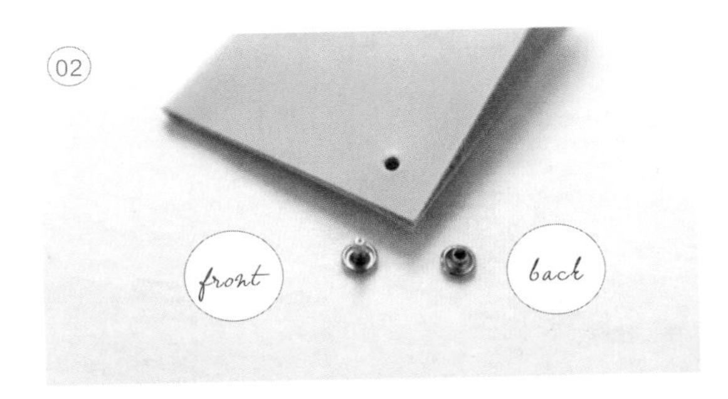

02 先在皮革所需位置打洞。

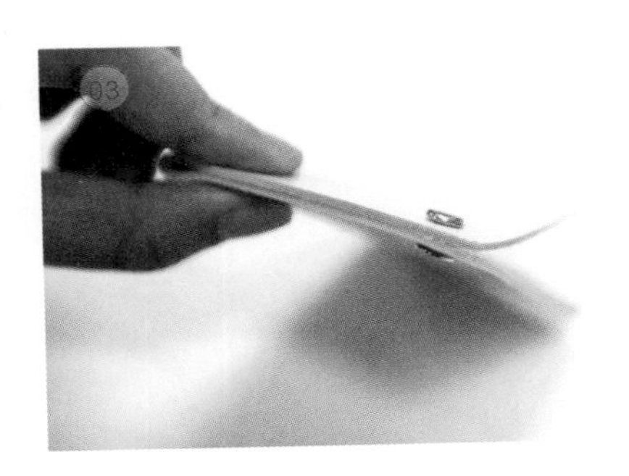

03 公母扣套上皮革的洞

04 放在撞釘模具上。

05 用凹棒垂直敲打，先輕力固定位置後才加大力度打緊。

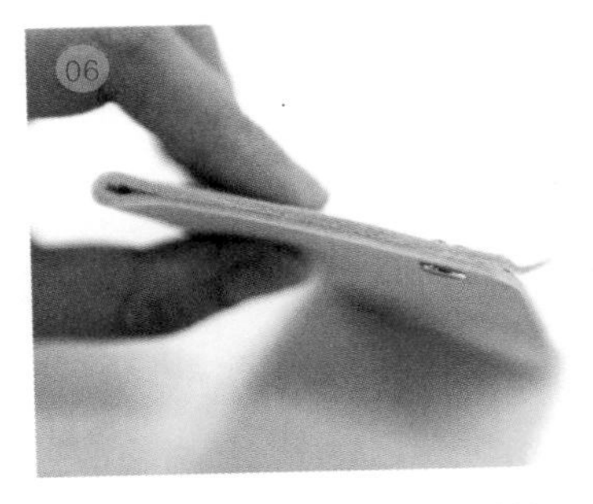

06 最後用手輕轉測試有否鬆脫。

lesson 10
拉鍊做法

不少皮革的開口或口袋需用上拉鍊，但市面上尺寸眾多，找一條依實際縫合部位大小的拉鍊確實不易，倒不如親自動手修改拉鍊。

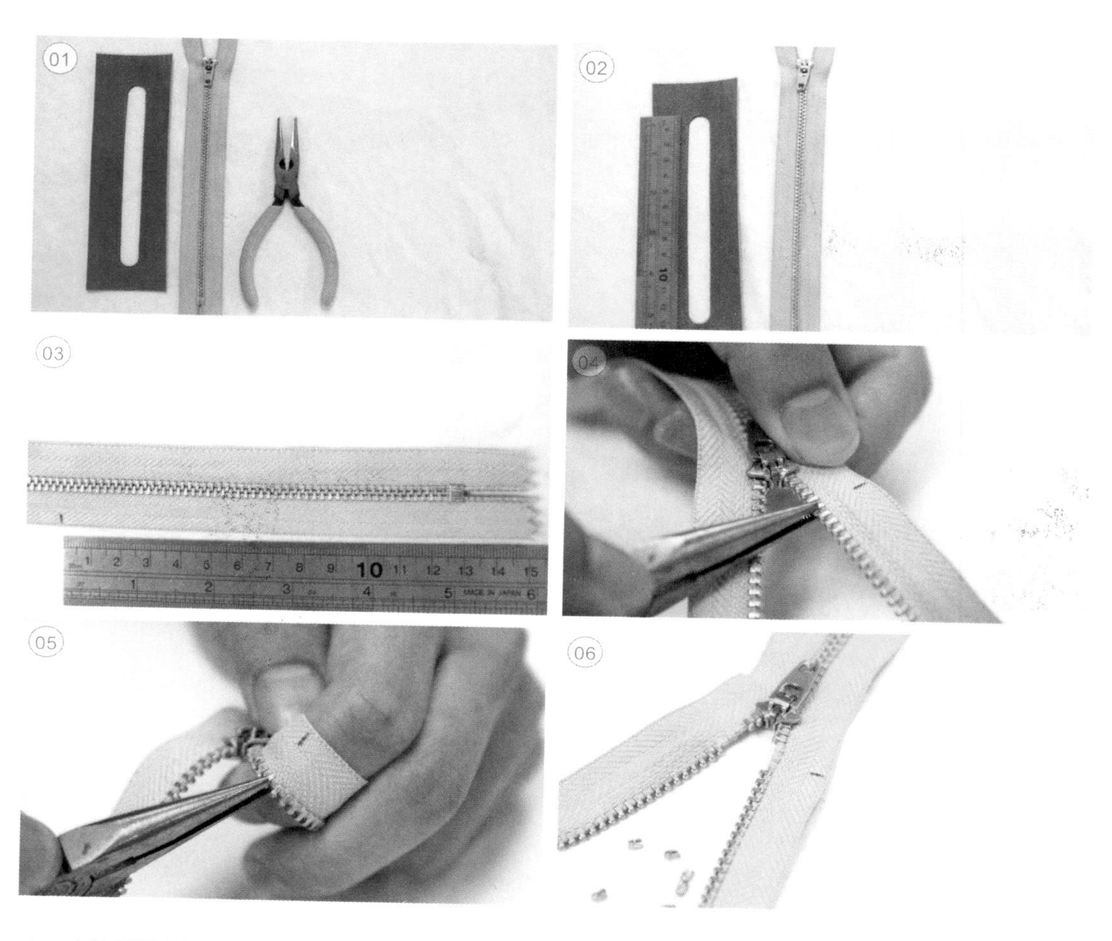

01 有時買到的拉鍊長度未必適合直接縫合在皮革上，所以需要修改拉鍊的長度。

02 先量度皮製品所需的長度。

03 然後從拉鍊底部的扣位度起，用筆在旁邊畫上記號。

04 但拉鍊不能直接剪短，要用鉗子把拉鍊齒一一拔掉。

05 注意這步驟會比較困難，鉗子不要夾得太入，拉鍊布亦要兩頭拉緊才可。

06 在記號位拔掉拉鍊齒便可。

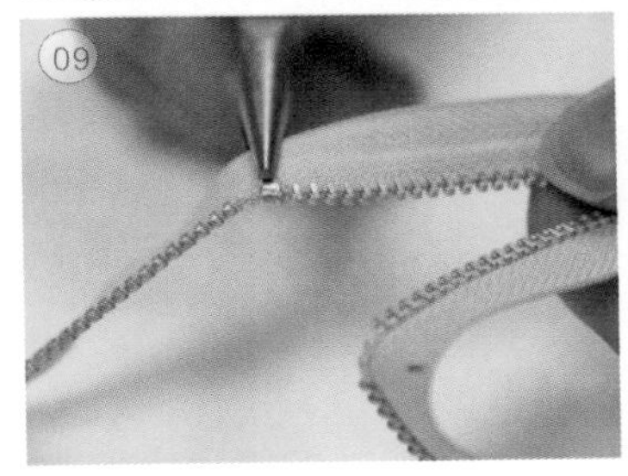

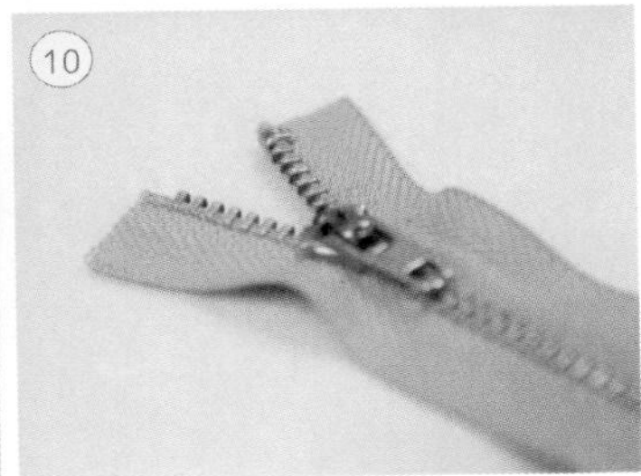

07 另外每條拉鍊最後也會有一顆較大的，叫「尾制」，同樣拔出來。

08 留著尾制並把它打開。

09 把尾制放回拉鍊記號位的尾端並夾緊，這是防止拉鍊頭掉出來。

10 把多餘的拉鍊位剪掉。

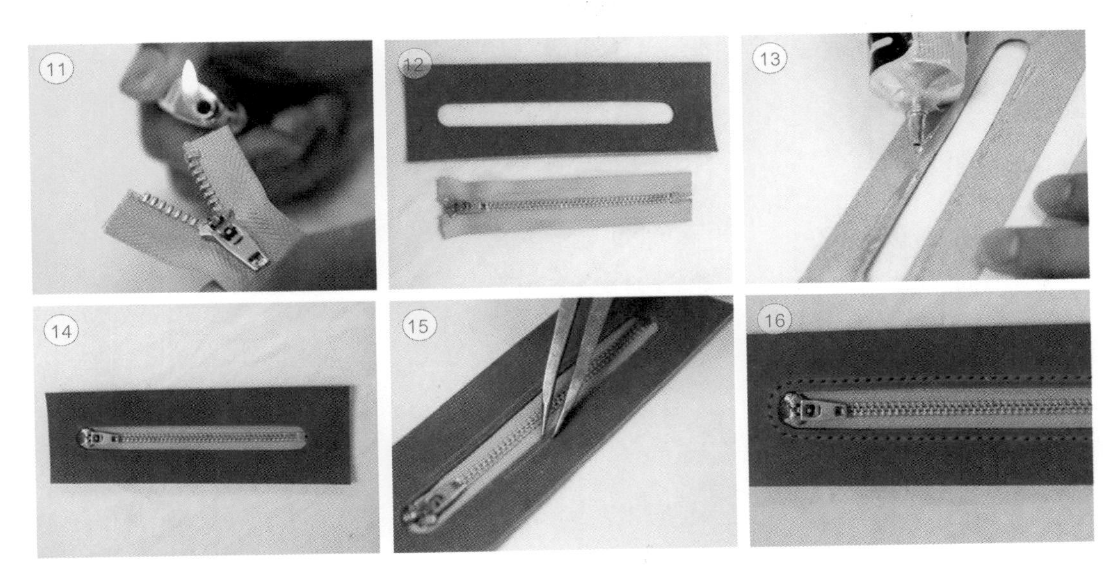

11 為防止拉鍊布走線，先用打火機輕輕燒一下剪切位。

12 這時拉鍊的長度適合縫合在皮革上。

13 先把拉鍊貼合在皮革上，我們要用強力膠水塗在邊緣。

14 然後把拉鍊放在皮革上待乾。

15 沿邊劃出基準線。

16 按著線位打孔就可縫合，拉鍊位置完成。

lesson 11
染色教學

坊間皮種類很多，但要找合心水的顏色卻不是易事，所以自行染色不失為一個好方法，又可令作品獨一無二。

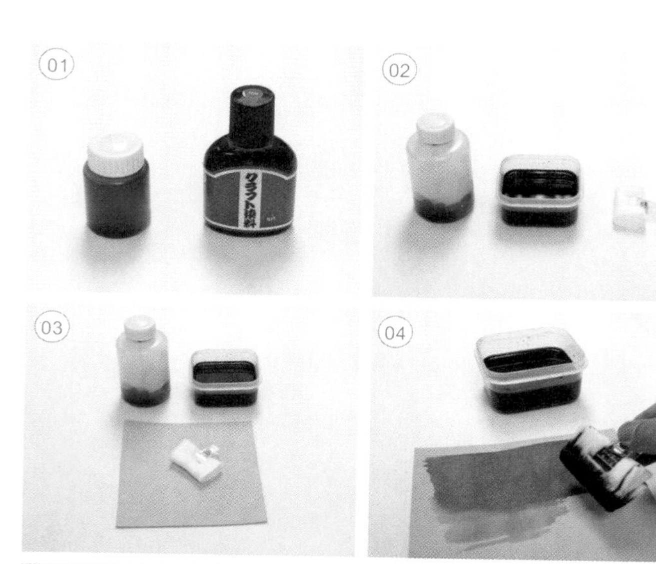

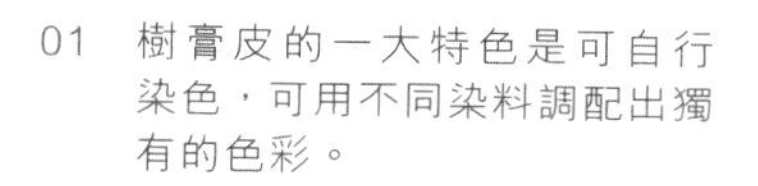
01 樹膏皮的一大特色是可自行染色，可用不同染料調配出獨有的色彩。

02 水性染料是較為方便的一種，但因稀釋度各有不同，建議在染色前先用碎皮作試染。

03 上色時可用夾子固定化妝棉進行操作。

04 上色時，以均衡力道來回方向刷染。

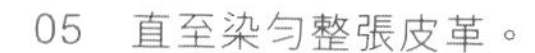
05 直至染勻整張皮革。

06 待乾約5分鐘，皮革所呈現的顏色會有所不同，更接近完成的顏色，若果有不勻或想顏色更深，可作第二次染色直至滿意為止。

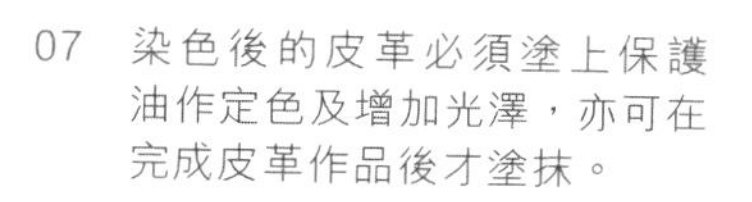
07 染色後的皮革必須塗上保護油作定色及增加光澤，亦可在完成皮革作品後才塗抹。

lesson 12
壓字

皮革完成後想多加一點心思，可利用壓字模具壓出喜愛的詞語或句子，但要壓出整齊，高低一致的句子也需要一定的技巧。

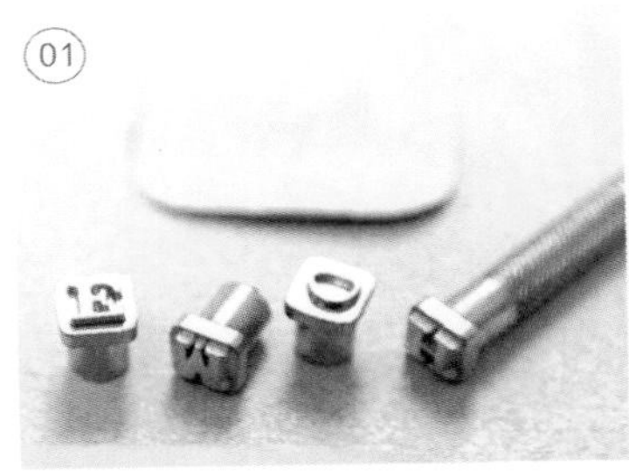

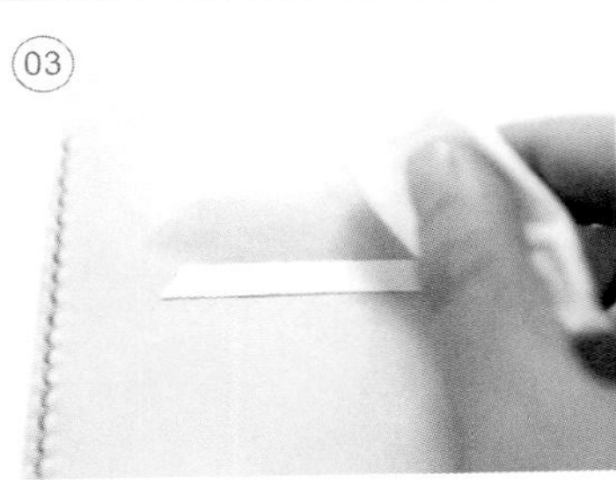

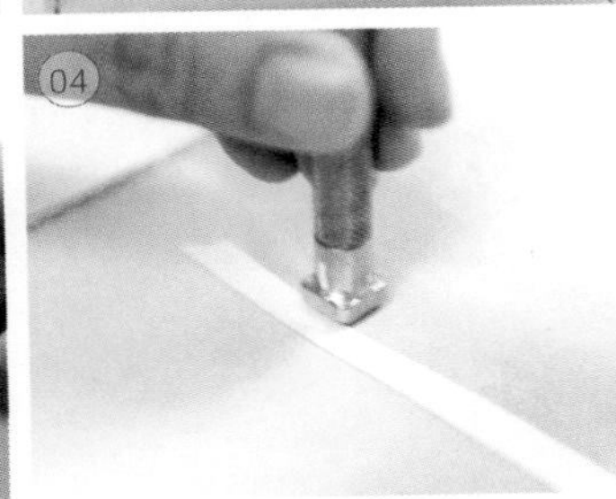

01　坊間可以買到很多壓字壓花的模具，當然要試好才壓在作品上。

02　但壓字前，必需用清水輕輕抹濕皮革，讓皮革變軟。

03　如果想壓字整齊無參差，可貼上膠紙輔助。

04　然後把字母模具靠在膠紙的邊緣。

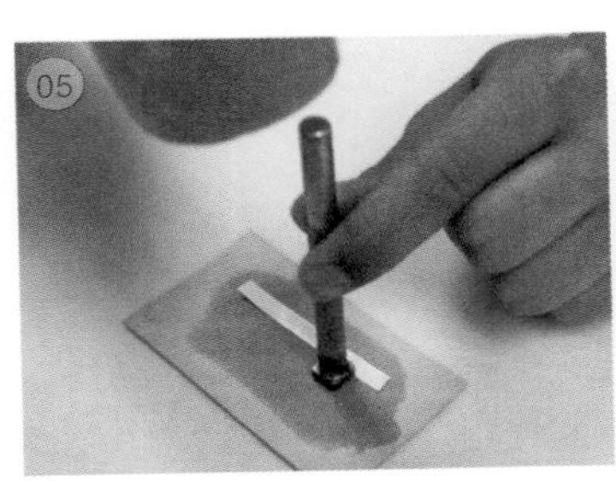

05　用木槌垂直敲打。

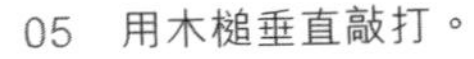

06　壓完的效果。

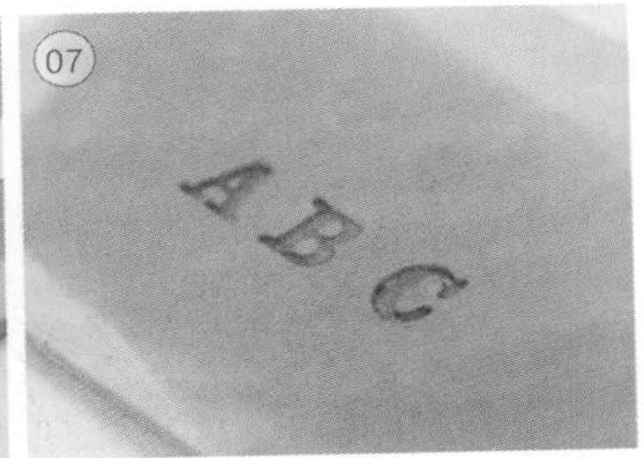

07　打完後把膠紙撕掉就可以了。

tips

如果完成作品後才壓字，可放鐵尺在皮層中間，以防壓得過深。

lesson 13

修邊

毛邊的處理會大大影響作品所做出來的結果，將邊緣處理得光滑緊緻，可使皮革呈現更精緻的質感。

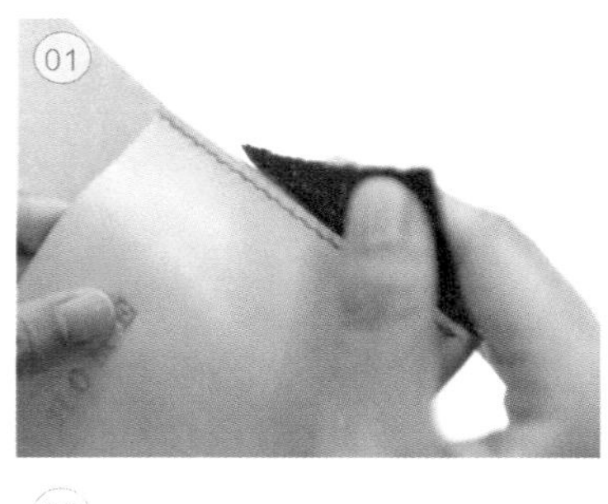

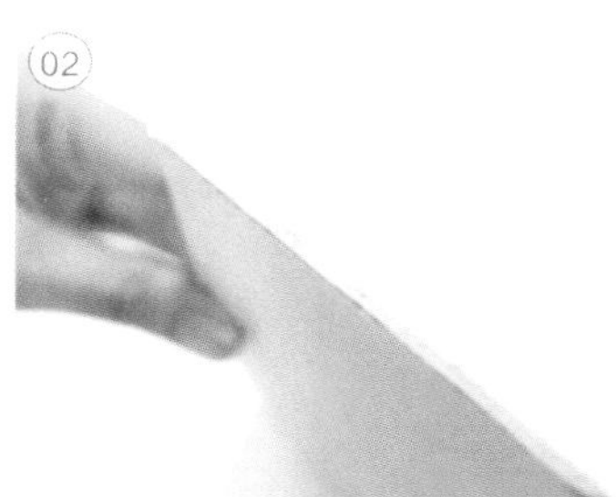

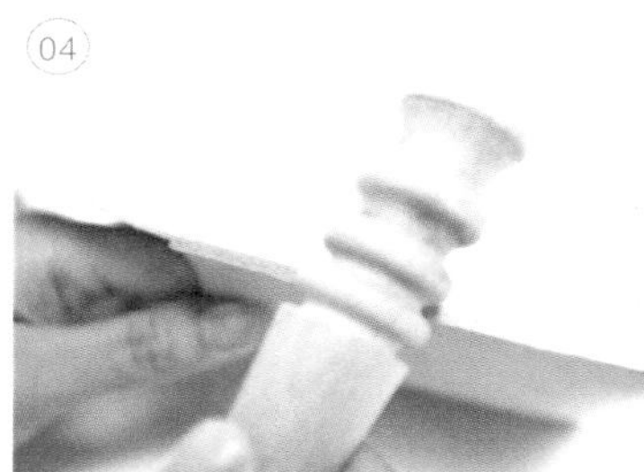

01 縫合完成後，有時邊緣會出現高底不平的情況，所以我們會先用砂紙磨平邊緣。

02 直至邊緣平滑

打磨後拿白布沾上 CMC 抹在邊緣位置。

03 再用木棒來回快速打磨直至把邊緣呈光澤及圓滑感。

04 將皮革放平，用白棉布壓在邊緣來回打磨，直至露出光澤感，反轉皮革另重複上述步驟，將皮革壓擦。

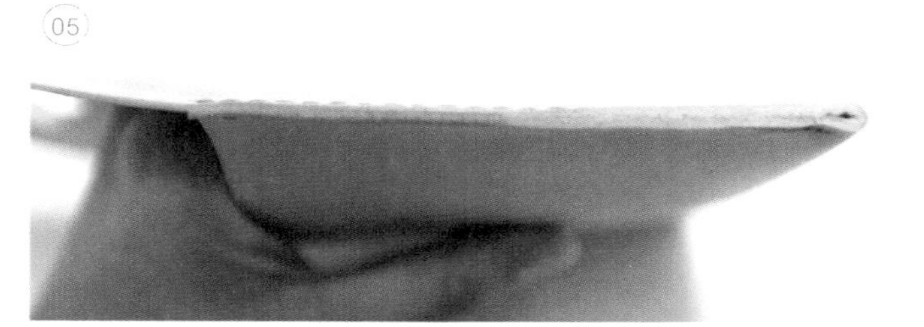

05 這是磨前及磨後的對比，要令作品呈現更精緻的質感，最後一步也要加把勁。

lesson 14

皮面防護

在皮件塗上保養油可增加皮革的光澤，同時具有防污與防水的效果。

01　樹膏皮表面本身並沒做太多加工處理，天然環保樸素，所以完成後較建議在皮革上作簡單保護。這種貂油是在坊間較易入手的一種保養油。上油時可預備白淨的棉布作塗。

02　用白布沾取薄薄一層，以打圈方式塗整塊皮革表面。

03　上油處理後會，皮革呈現出更深色及有光澤。

04　此外保養油也具有防水的效果，所以有一定的防霉作用。

作品

只需運用簡單技巧就能輕鬆製作各式各樣的家居小物！快快動手製作屬於你的皮革小物，打造簡約、舒適家居感！

01

heart bookmark

心 形 書 籤

還未看完的書，只要把心形書籤夾到書角上
就可待下次再閱，真是簡單又實用的。

item 1
Heart Bookmark
心形書籤

tools & materials

需要工具及材料

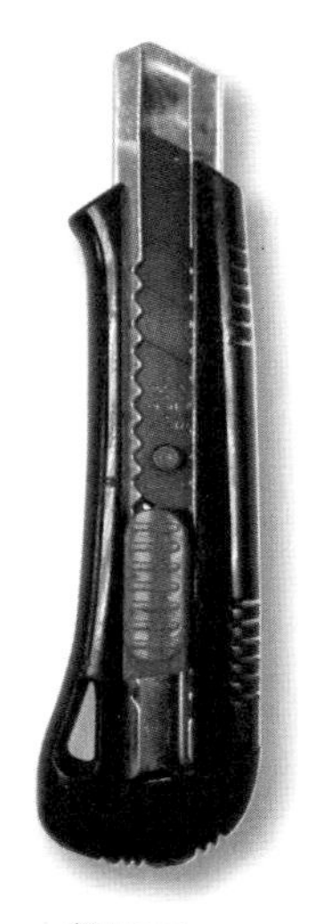
美工刀

菱斬

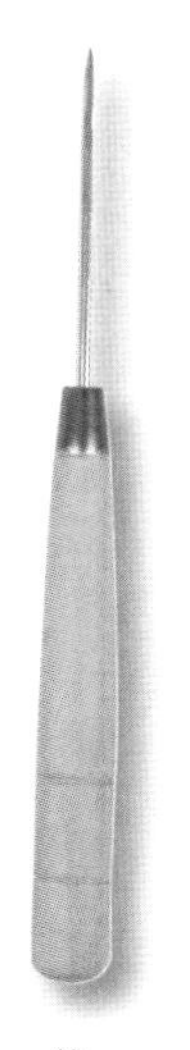
錐

tools & materials

主要工具

a 美工刀
b 菱斬
c 錐

主要材料

d 牛皮

難易度 ▶

時間 約1小時

steps

製作方法

1 初次接觸皮革，通常遇到的困難就是預備皮料及畫圖，所以藉著這個較為簡單的款式去講解一下如何在皮革上畫圖。為了成品更準確，我們先在格仔紙上繪圖。心形是一個對稱的圖案，所以先畫一條對稱線。

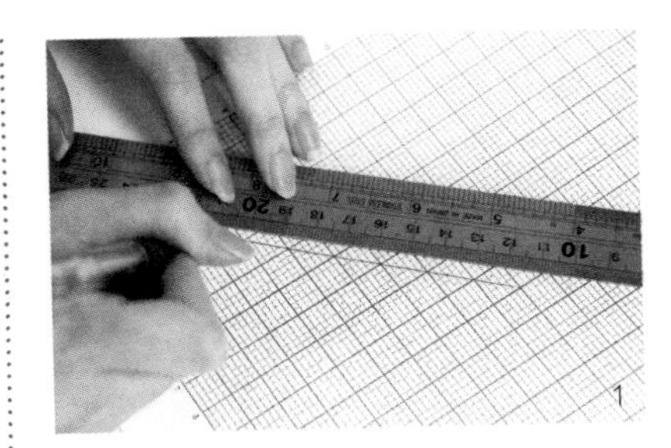

1

2 再以圓形尺畫上心形的彎位，心形的尺寸可根據大家的喜好而定，當然製作成其他形狀也可。

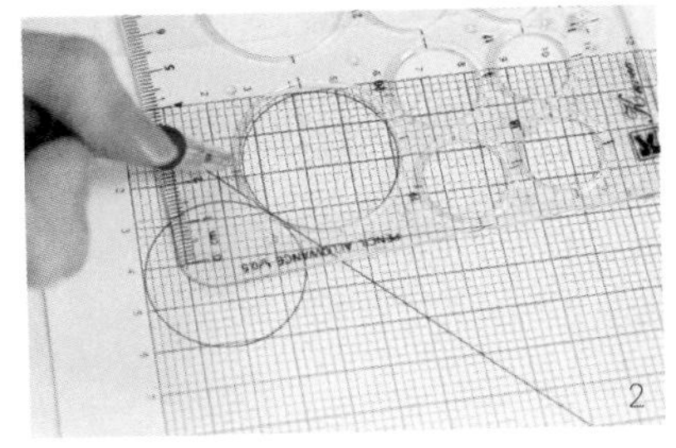

2

3 以黑色筆畫出心形外框。

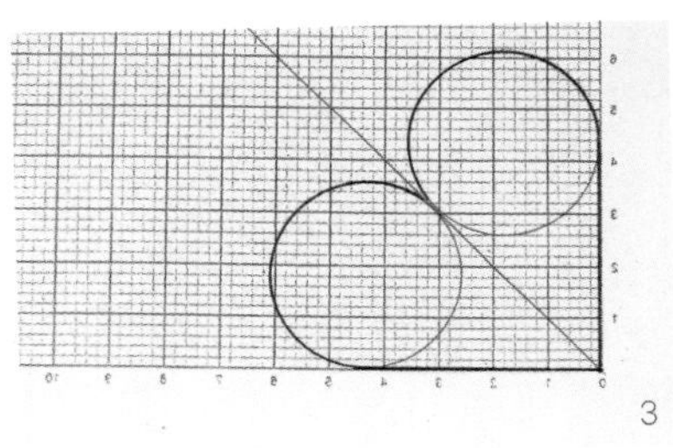

3

4 將畫好的紙樣放在皮革上，用錐子沿著黑色心形框輕刺。

4

5 拿開紙張後就可看到心形的模樣。

6 把皮革裁切出來，另外需裁切多一塊心形皮作底部。

7 如覺得書籤單調，也可壓上一些勵志句子或文字。

8 在背面的直線位貼上雙面膠紙。

9 將 2 塊心形對齊貼合。

10 沿著直線位置打孔。

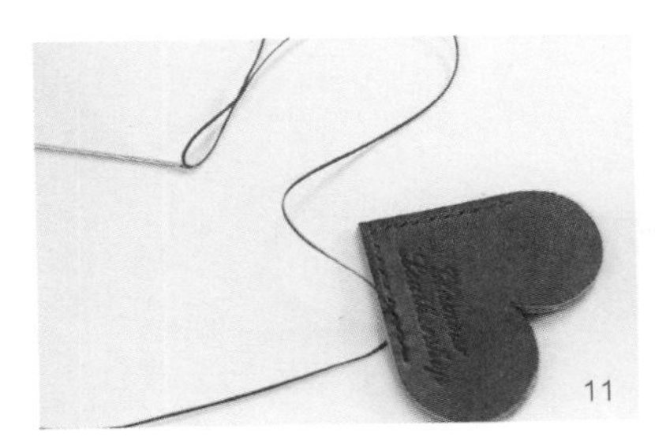

11 用雙針的方法把心形縫合上。

12 收針時謹記把結位收在中間避免外露，並以砂紙磨邊。

13 裁切後的邊緣沒有顏色，可用棉花棒把邊緣染色。

14 以白布輕塗貂鼠油在皮革上，滋潤皮革。

15 再用 CMC 把皮革邊緣磨滑，如果沒有磨邊棒，把皮革放平以白布來回壓擦也可得到同樣的效果。

16 直至邊緣反光及平滑。

17 書角式的書籤完成。

除心形外，只要是單邊直角的形狀，也可創作出不同的款式，例如動物或卡通等你喜愛的模樣。

mouse pad

滑 鼠 墊

用皮製造的滑鼠墊，樣式簡約大方，為沉悶的工作桌上增添格調和玩味。

Mouse Pad
滑鼠墊

tools & materials

需要工具及材料

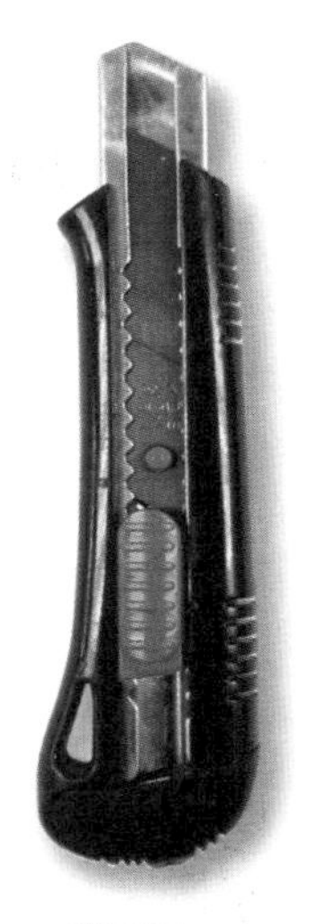

美工刀

菱斬

圓形沖子

挖槽器

雙面膠紙

tools & materials

主要工具 /

- a 美工刀
- b 圓形沖子
- c 雙面膠紙
- d 挖槽器
- e 菱斬

主要材料 /

- f 牛皮

難易度 ▶▶▶▷▷

時間 約4小時

steps

製作方法

1 現今大多數人採用光學滑鼠，所以選取牛皮方面需要使用滑身皮面，不要選擇有坑紋的牛皮。

2 先在滑鼠墊前端畫上一條記號作筆位。

3 並在筆位的頭尾部份以圓形沖子打出圓孔。

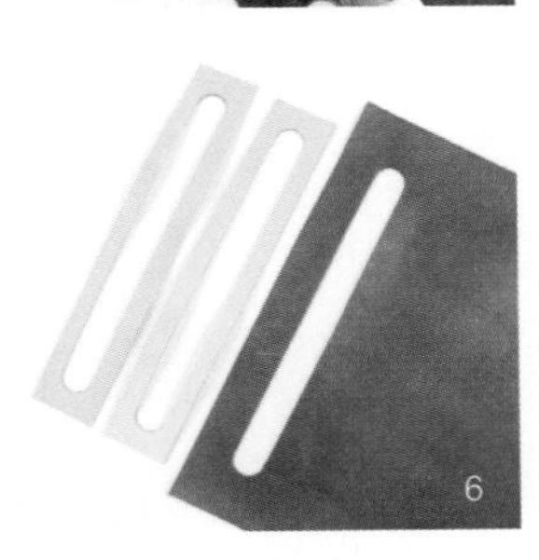

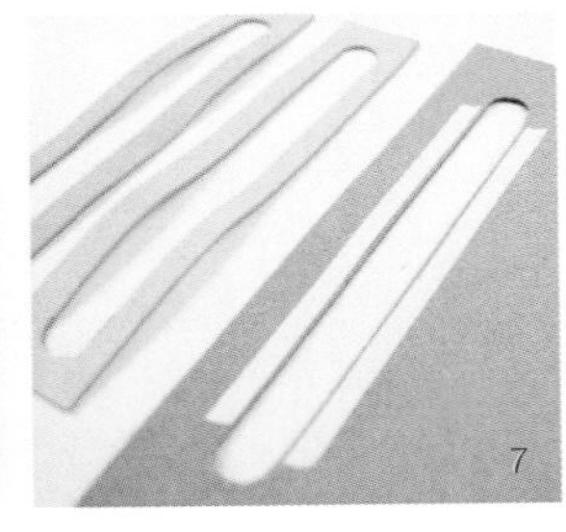

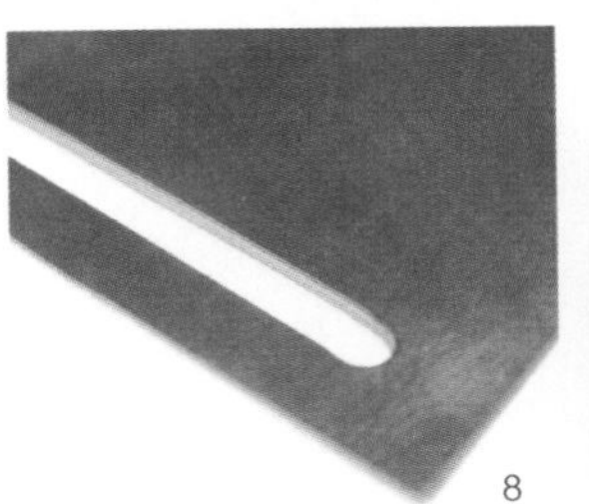

4 劃出兩條直線把兩個圓孔連接上，並且把中間位置的皮裁走。

5 形成筆槽位。

6 準備兩塊厚皮，打出同樣的筆槽位。

7 在主體皮革背面的筆槽位貼上膠紙。

8 將兩塊厚皮貼到主體上，以增加筆槽的深度。

9 沿邊打孔。

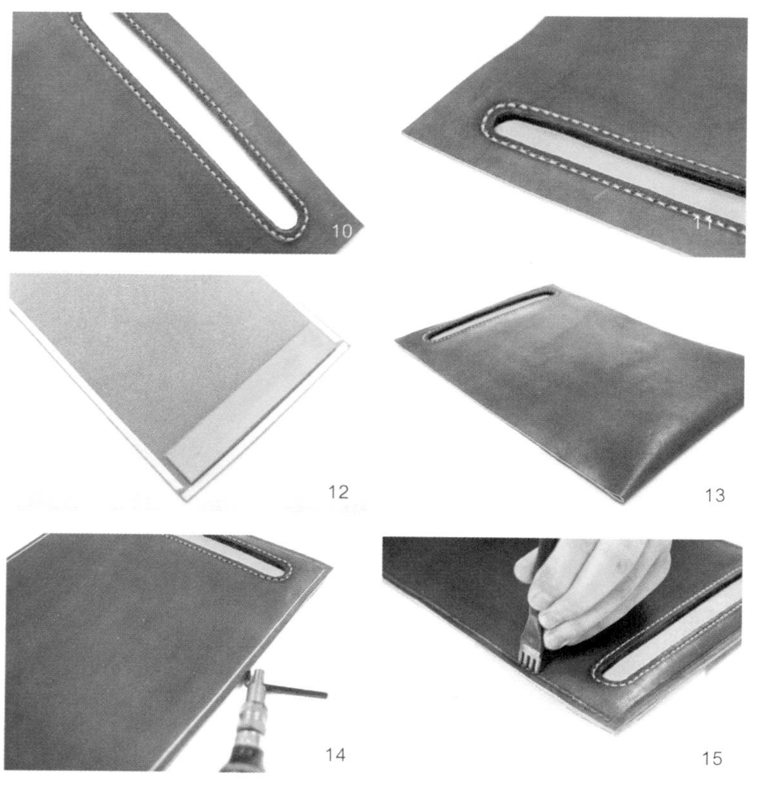

10 並以蠟線縫合。

11 在筆槽位下可貼上另一顏色的皮革作拼色玩法。

12 將另一顏色的皮用雙面膠紙貼合到主體底部。

13 把主體皮革對摺貼合。

14 以挖槽器沿著三邊作標記。

15 再沿邊線位置用菱斬打孔，但先不要縫合。

16 另外預備一張皮革，加厚墊手的位置，使使用時更舒適。

17

皮革長度要與主體一樣，然後以膠紙摺疊固定。在兩邊各打一行縫線孔，同樣先不要縫合。

18 將主體皮革墊手位置撕開。

16

17

18

19 把厚墊放到主體皮中間。

20 對準打了的孔，一同縫合起來。

21 三邊縫合完畢。

22 可在墊手位置縫合數針固定厚墊。

23 修飾邊緣，完成。

19

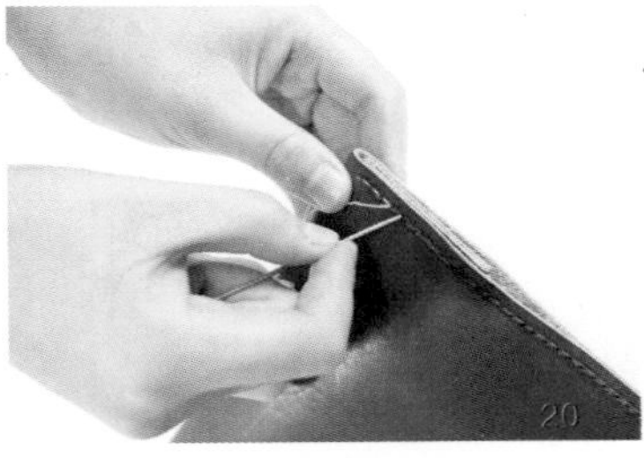

20

21

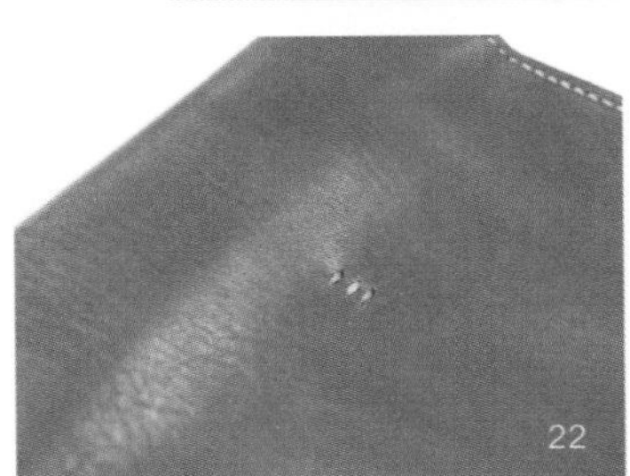

22

23

除加插筆位外，也可把滑鼠墊做大一些，釘上便條紙在皮革上，方便隨時書寫。

03

portable mirror

便 攜 鏡

便攜鏡放在手袋裡可隨時用，更可站立不倒，協助女士們化妝或戴上隱形眼鏡也不錯！

item 3
Portable Mirror
便攜鏡

tools & materials

需 要 工 具 及 材 料

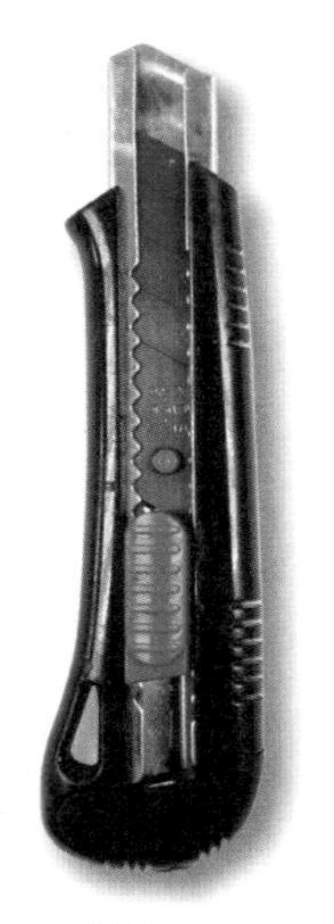

美工刀

菱斬

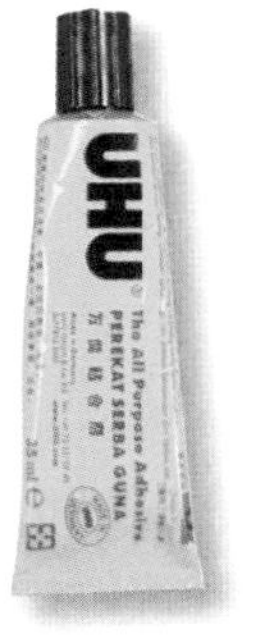

強力膠水

磁石扣

tools & materials

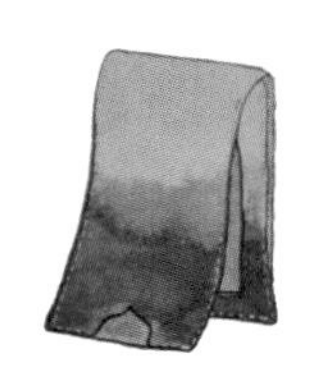

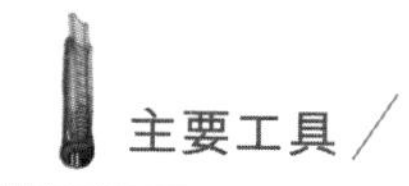

主要工具 /

- a 美工刀
- b 菱斬
- c 強力膠水
- d 磁石扣

主要材料 /

- e 牛皮
- f 鏡片

難易度 ▶▶▶

時間 約4小時

steps

製作方法

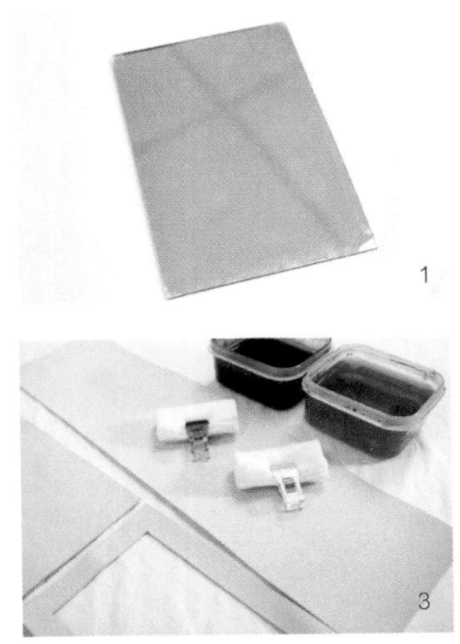

1

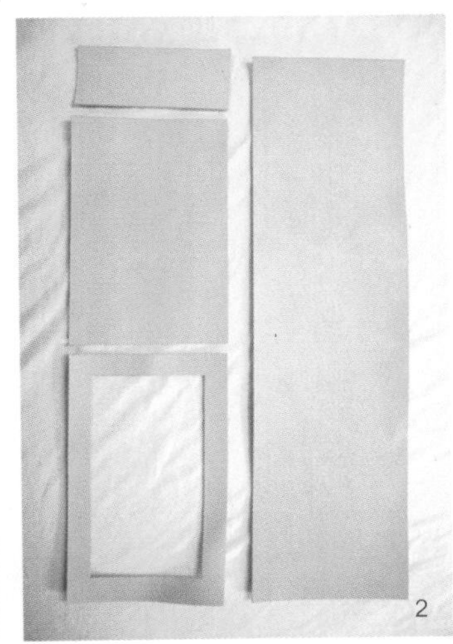

2

3

1 預備一塊鏡片，可在家居用品店買到，或找找家中有沒有沒用的鏡，拆下來使用亦可。

2 便攜鏡主要分四部份，最長的皮革是主體，最細小的皮革是使鏡子斜立的小卡位，而另外兩塊皮革是包裹著鏡片，其中一塊是闊2cm 的外框。大家可按照所購買到的鏡片尺寸自行調教大小。

3 這次為單調的皮套做漸變色，用水性染料為皮套增添繽紛。

4 染色前先把皮革弄濕，使漸變色更自然。

5 先從最淺色的顏色染起。

6 然後在頂端塗上另一種顏色。

7 在兩顏中間的連接位，用兩隻顏色來回慢慢乾擦，做出漸變的效果，如果棉花太濕可以用紙巾吸乾一點，這是很重要的。如果染料太多，深色的部份就會很明顯，不能做到漸淺效果。

4

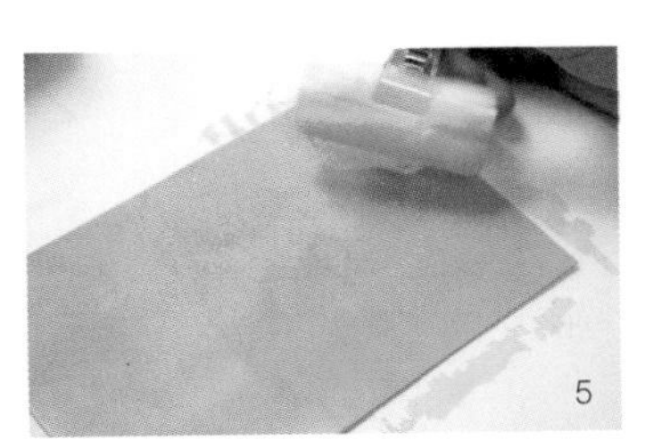

5

6

7

8 把全部皮革染完乾透就可開始縫合，如想皮革快一點乾，可用風筒離遠一點吹乾。

9 先做包裹鏡片部份，注意背面的皮革是短 1cm，因正面突出的邊界是連接主體的。

10 將兩塊皮革貼合後沿 3 邊打孔。

11 頂部的一邊不用打孔。

12 打孔後先把皮革分開，貼合鏡子。

13 用強力膠水把鏡子沿邊固定，使鏡子不易移位。

14 如不小心把膠水溢到鏡子表面，可用擦膠擦走。

15 上線，把兩塊皮革縫合上。

16 縫合後，在鏡子上方安裝磁石扣。

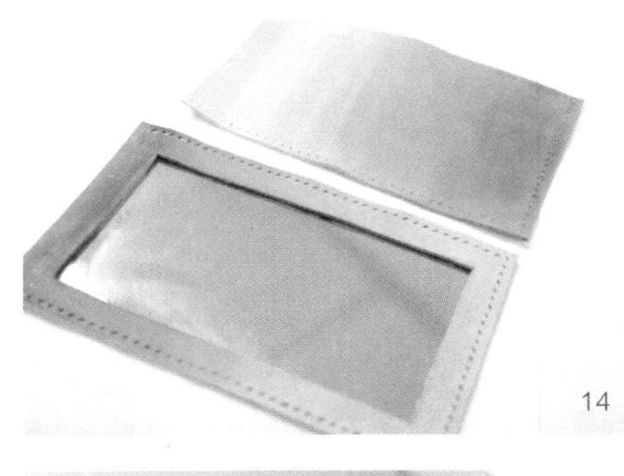

14

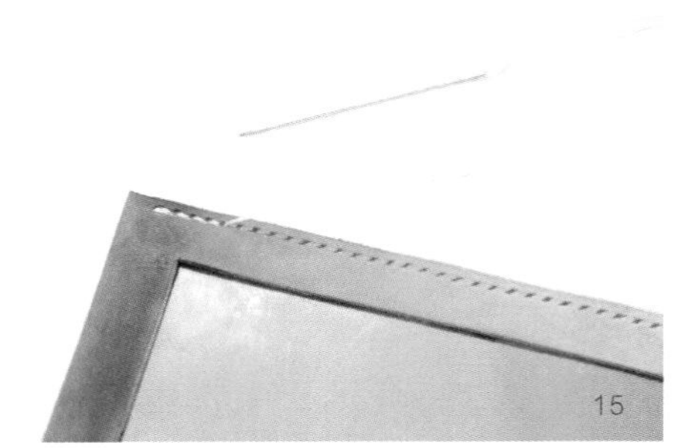

15

16

17 將鏡子部份以雙面膠紙貼合到主體上。

18 把貼合的一邊打孔及縫合。

19 安裝另一顆磁石扣到細小的皮革上，並將細小的皮革貼合在主體的另一端。

20 可以在主體面作一些裝飾，如加入其他色的細小皮革作點綴。

21 在主體皮革上，沿著 3 邊以菱斬打孔並縫合。

22 縫合完畢。

23 因染色的關係，最好在皮革表面輕塗一層定色乳液，這使顏色更持久及不脫色。

17

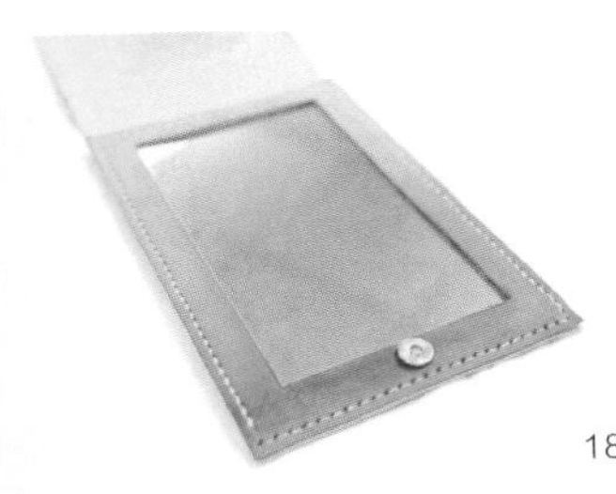

18

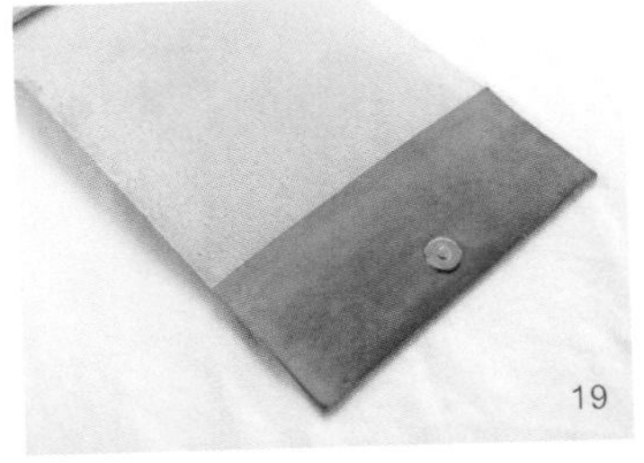

19

20

21

22

23

如想更輕便，也可轉成一些細少的圓鏡，以皮革包裹並懸掛在手袋的手帶上。

04

triple leather folding photo frame

屏風式相架

將相片放入屏風式相架，記錄著那動人時刻，與家人、朋友隨時分享最真緻的回憶。

Item 4
7
Triple Leather
Folding Photo Frame
屏風式相架

Happy
NIRVANA

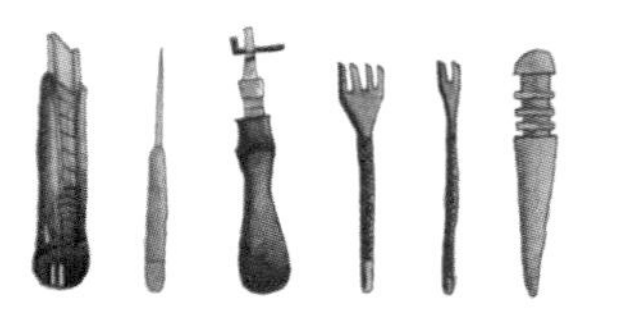

tools & materials
需要工具及材料

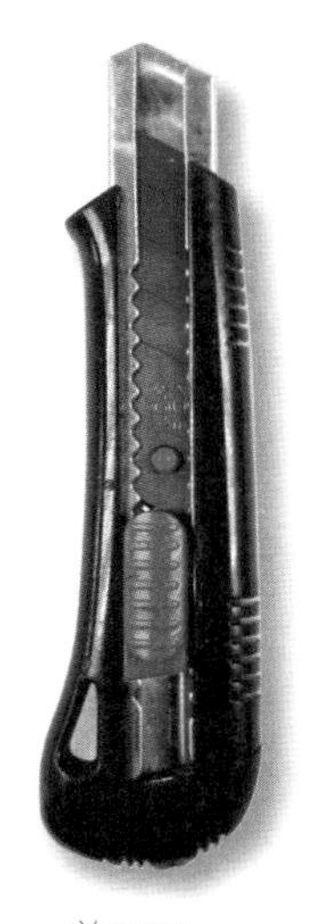
美工刀

菱斬

強力膠水

邊線器

tools & materials

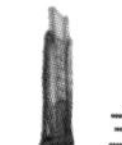
主要工具 /

- a 強力膠水
- b 邊線器
- c 美工刀
- d 菱斬

主要材料 /

- e 挺身牛皮
- f 透明膠片

難易度 ▶▶▷▷▷

時間 約3小時

steps
製作方法

1 皮革需選用一些較挺身的牛皮才能使相架站起來，樹膏皮是不錯的選擇。然後根據圖樣把皮革裁切出來。

2 預備三張透明膠片，磨沙面亦可，可在文具店找到。

3 把膠片固定在相框背面，用強力膠水貼合。

4 貼合時小心膠水濺到正面，若不幸遇上以上問題，可立時用擦子膠擦走膠水。

5 放在一旁待乾。

6 以邊線器在相架背面的皮革劃出縫線位。

7 相架背面有較多空白位置，可以壓一些名字、日期或動人字句，注意按壓時先輕微弄濕皮革表面，這樣會有更佳的效果。

8 在相架背面皮革的三邊貼上雙面膠紙。

9 先貼合左右兩邊的皮革後才對準中間皮革，每張皮革之間會有0.5cm 的距離以作屈曲之用。

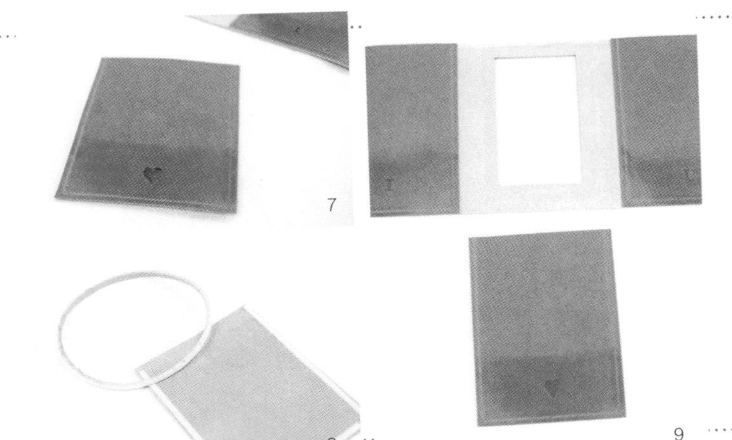

10 在三塊皮革的三邊用菱沿邊鑿孔用作縫線。

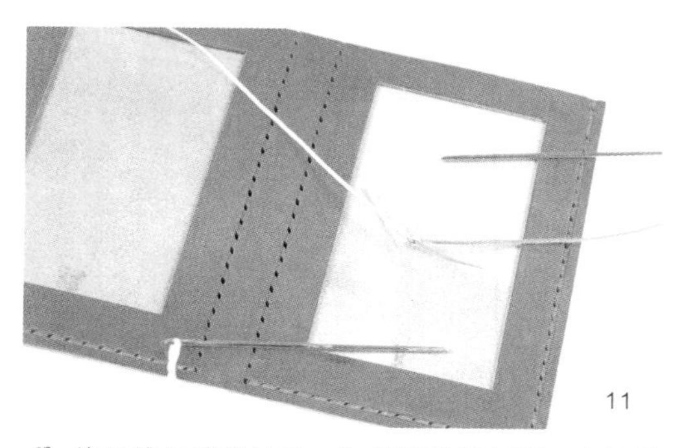

11 使用雙色縫線技巧，為相架增添色彩。先預備同等長度的彩色線，在兩條彩色線的線頭各上一支針。

12 把兩條彩色線的線尾綁死結連在一起，開始縫合。

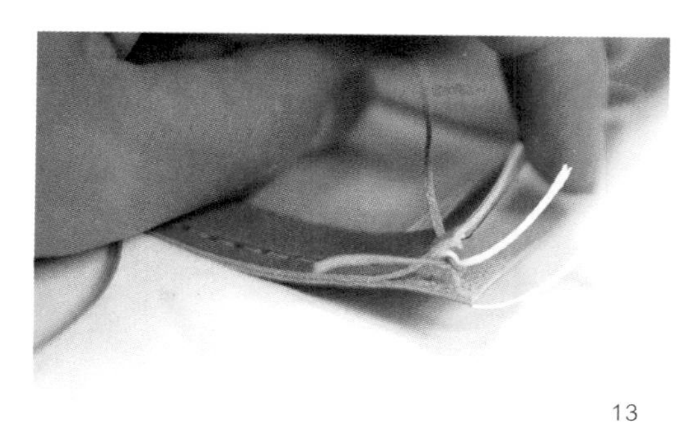

13 在兩皮中間開始縫合，把彩色線中間的結位收藏起來。

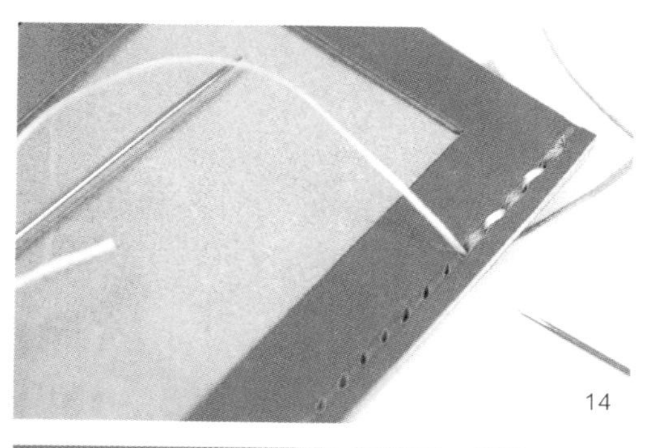

14 縫合方法和平時的一樣，因交叉縫合，所以會出現彩線間色的效果。

15 先縫個好一格相框再縫另一個，把相架一格一格縫合好。

16 縫合完成。

17 用白布塗上 CMC 把邊位磨滑。

18

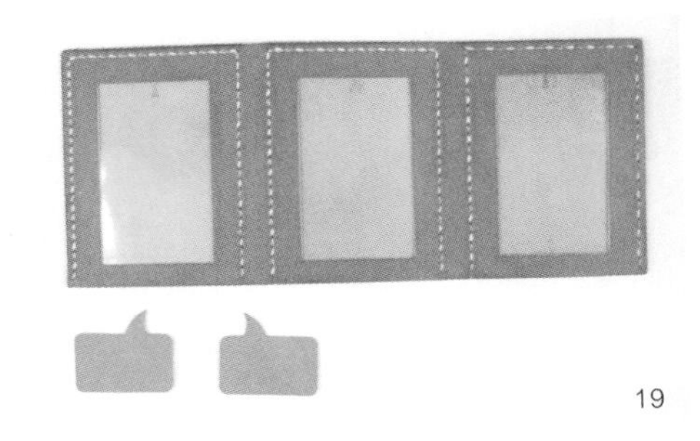

19

18 將三面相框對摺屈曲，就可把相架站立起來。

19 如覺得太單調了，可試試裁切一些不同形狀的小牌子。

20

21

20 可在牌上壓上日期或形容詞等字句。

21 另外做一個小扣子釘在小牌子的背面。

22

23

24

22 再以膠水將底面字牌貼合。

23 小牌子完成。

24 牌背面的小扣子可把小牌子掛在相架的頂部。

轉換相片時同時可更換小牌子，讓小牌子記下每個時刻，記下當下的心情。

05

leather perpetual calendar

座枱日曆

書桌上放上皮製的座枱日曆，為忙碌的生活增添一份自然手感。

item 5
Leather Perpetual Calendar
座枱日曆
SAT
0
4
2
7
Calendar
MASCULINE

tools & materials

需要工具及材料

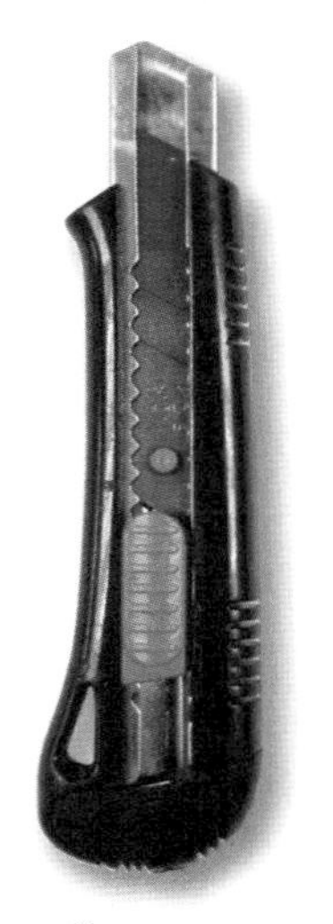

美工刀

菱斬

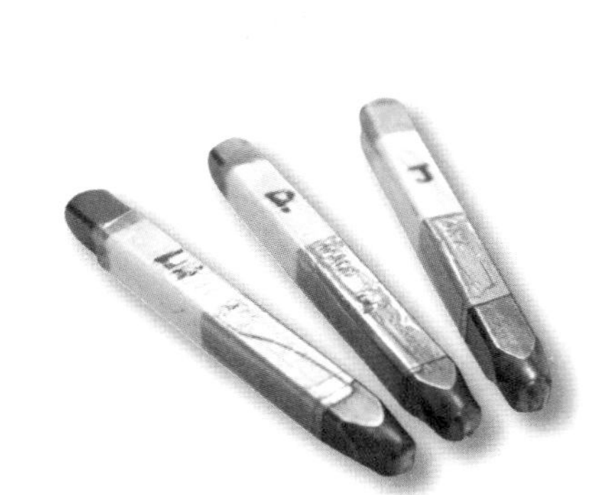

數字及英文鑿

tools & materials

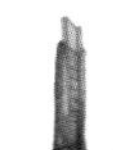

主要工具／

- a 美工刀
- b 菱斬
- c 數字及英文鑿

主要材料／

- d 挺身牛皮
- e 棉花

難易度 ▶▶▶▶▷

時間 約7小時

steps

製作方法

1 座枱日曆分為兩部份，左邊啡色長條形的是作支架座，右邊原色的是作星期及數字牌。

2 原色闊身的皮革會製成星期牌，另外窄身的會製成數字牌。

3 牌子是雙面的，所以先用雙面膠紙將兩塊皮革整齊貼合。

4 用劃邊器或錐子作縫線標記。

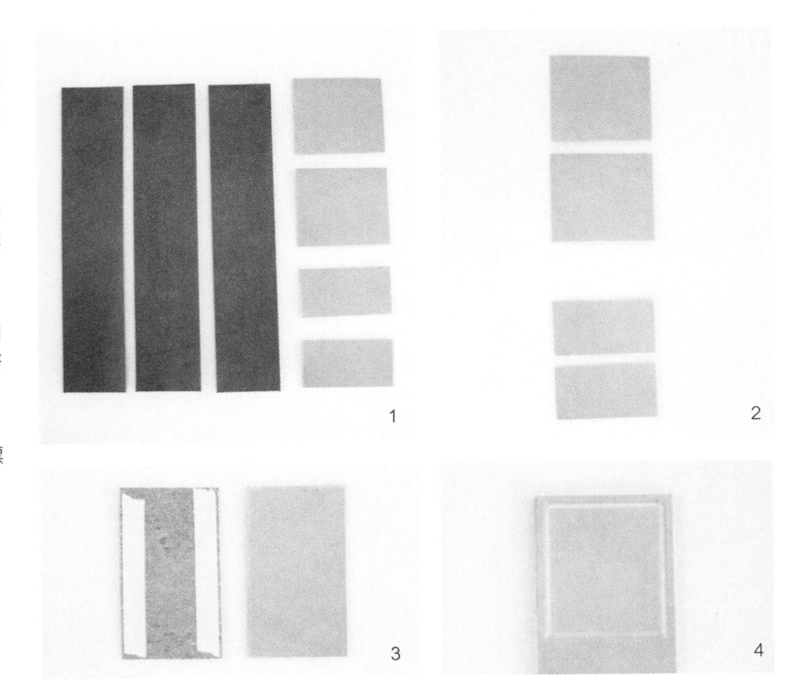

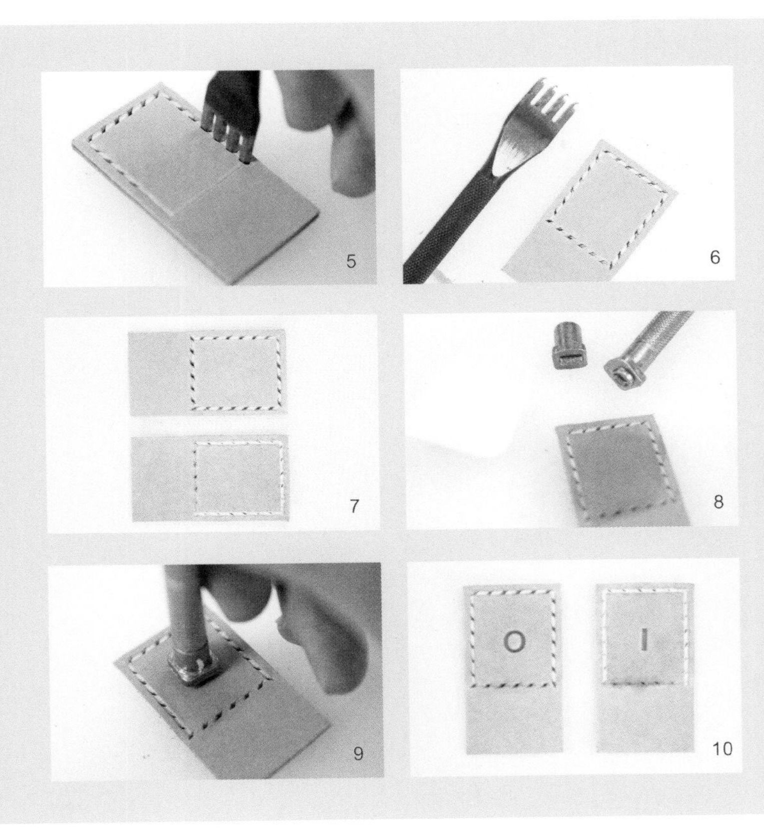

5 用菱斬打孔。

6 打孔完畢後先不要縫合，因為要在皮革上壓上數字。

7 將兩塊皮革撕開。

8 壓字前需要先把皮革輕輕弄濕，壓出來的字體會更深。

9 在框的中間垂直大力敲打數字鑿。

10 牌子的前後也可以刻上數字，但不要相同，這樣可減少數字所需的數量。五塊數字牌可壓出 0 和 1; 2 和 3; 4 和 5; 6 和 7; 8 和 9，另外多做三塊 0 和 1; 1 和 2; 0 和 2，總共八塊數字牌就可以砌出所有日期。

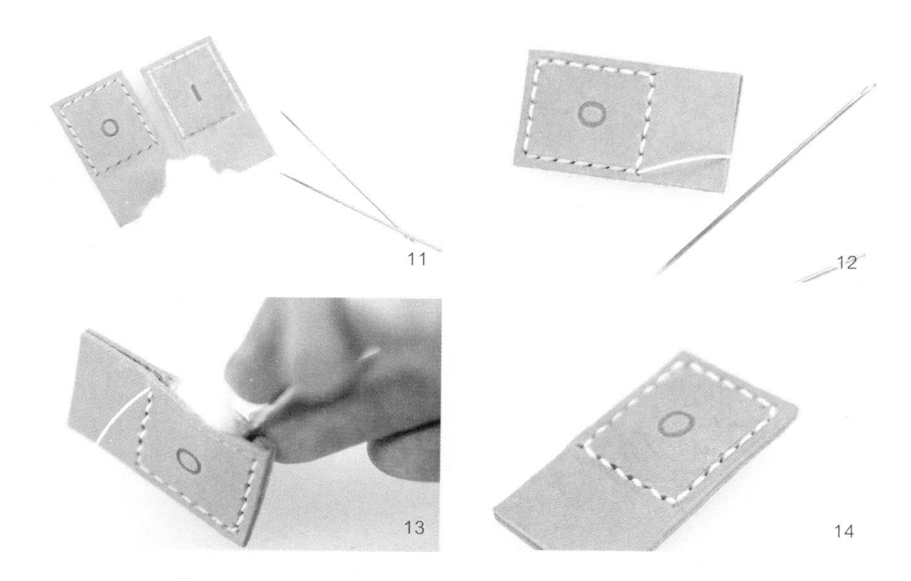
11 12 13 14

11 縫合前需要預備棉花，填充至皮革中間以增加立體感，一張細小的皮革也做到同樣效果。

12 先把三邊縫合起來。

13 把棉花放進兩塊皮革中間，然後縫上最後一邊。

14 縫合完畢。

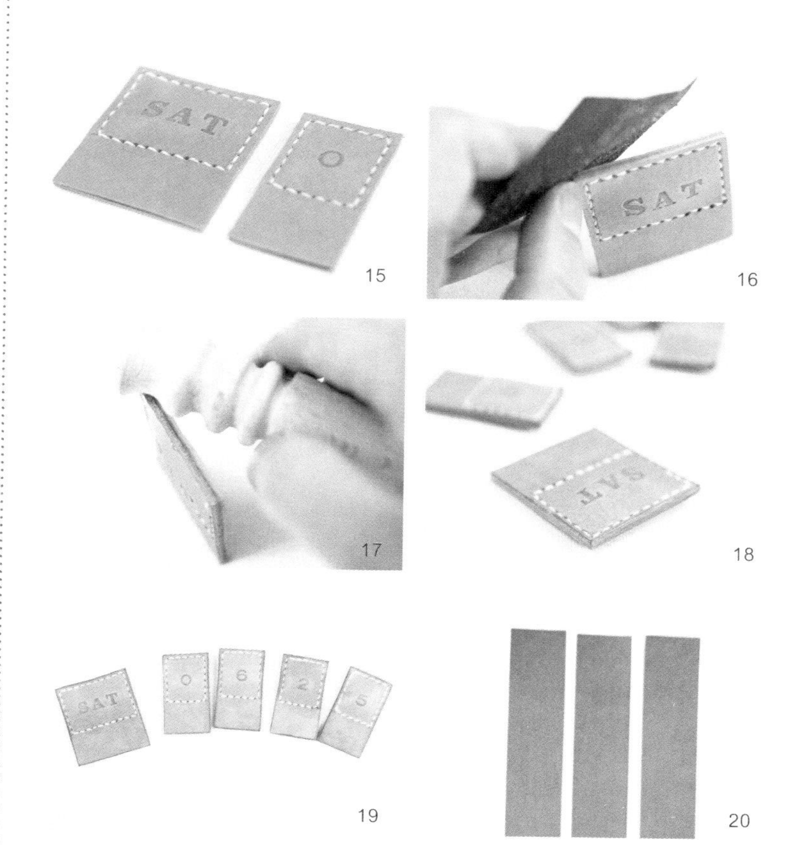
15 16 17 18 19 20

15 星期牌也是同樣的做法（共四塊）。

16 用粗砂紙把所有數字牌及星期牌磨齊邊緣。

17 用 CMC 塗在邊緣上並以磨邊器把邊緣修飾。

18 直至邊緣合一及反光的效果。

19 八塊數字牌及四塊星期牌完成！

20 另外製作日曆支架座，共需要三塊長方形挺身牛皮。

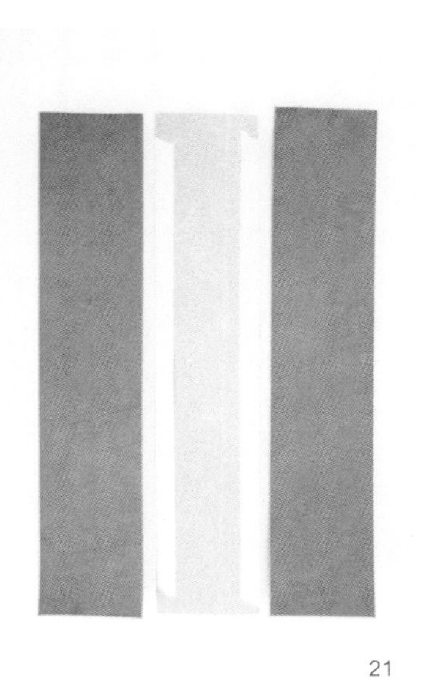

21

22

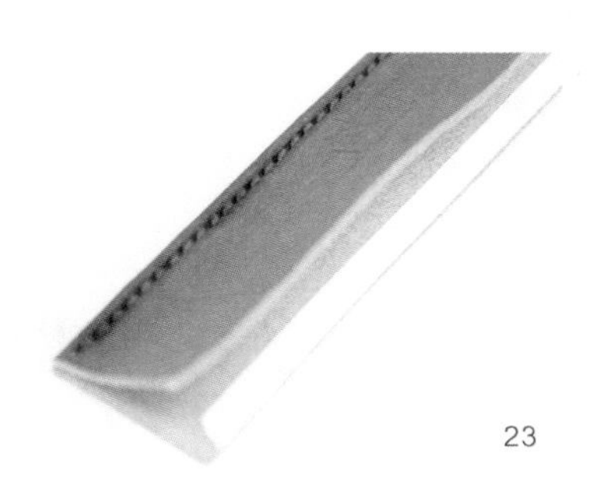

23

24

21 先在其中一塊皮革上貼上雙面膠紙。

22 然後與另一塊皮革的其中一邊貼合起來。

23 沿邊打孔及縫線。

24 另一邊同樣做法。

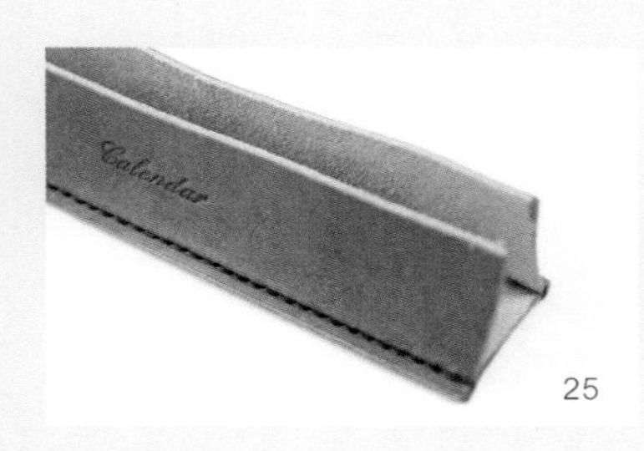

25

26

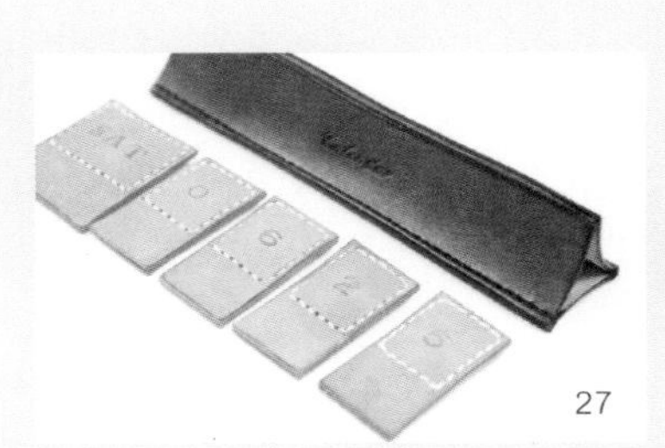

27

28

29

30

25 三塊皮革縫合在一起的樣子。

26 修飾支架座的邊緣。

27 座枱日曆就差不多完成。

28 在支架座兩端各打一個小洞並裝上撞釘。

29 先放入星期牌量度距離並以針線縫合支架座，可固定牌子不會左右搖晃。

30 另一邊放上數字牌，完成。

除了製作座枱日曆，也可以在皮革上壓上人名或字詞，如 I LOVE U，放在家裡一定很溫馨。

jewelry plate

樹葉形小物兜

葉子形成一個兜形，可放一些細小雜物，使小雜物可整齊排放，更增添家居品味。

item 6
/
Jewelry Plate
樹葉形小物兜

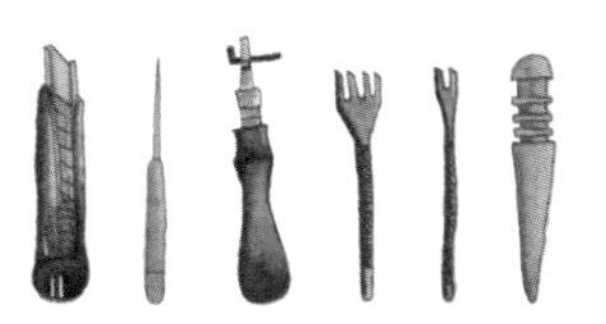

tools & materials

需要工具及材料

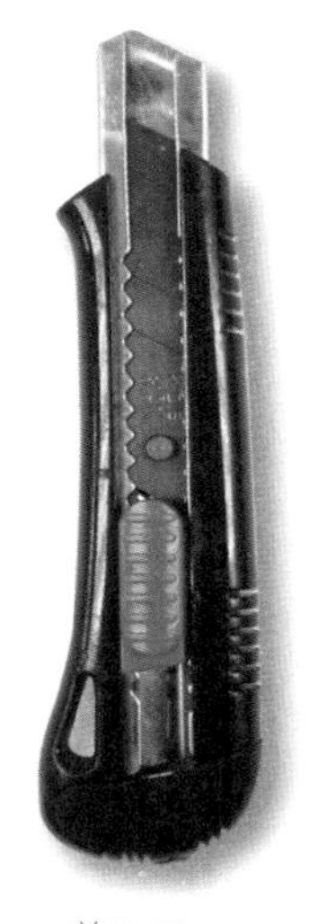
美工刀

錐子

圓沖

挖槽器

撞釘模具

撞釘

tools & materials

主要工具／

a 美工刀
b 錐子
c 圓沖
d 撞釘
e 撞釘模具
f 挖槽器

主要材料／

g 可染色牛皮
h 染料
i 撞釘

難易度 ▶▶

時間 約2小時

steps

製作方法

1 先預備一張挺身原色牛皮，以染色技巧做到樹葉的效果。

2 把紙樣貼在牛皮上。

2

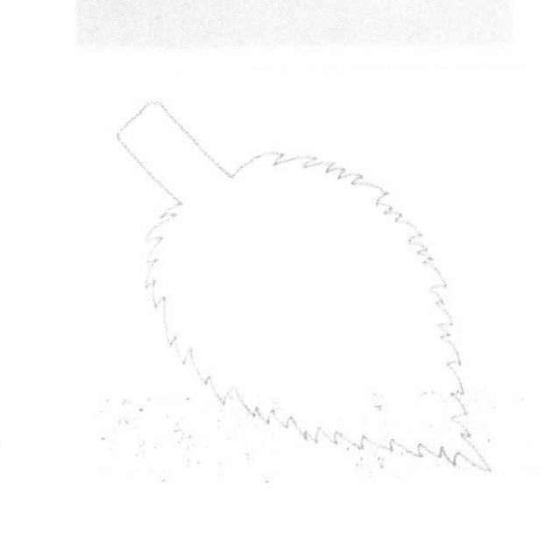
1

3 以錐子沿著紙樣黑色線輕輕壓下。

4 撕掉紙樣後，會看到皮面上很多小點形成的葉子。

5 沿著標點把葉子裁切出來，處理鋸齒紋時，謹記要由凹位向外裁切。

6 把皮革裁切成葉子的模樣。

7 預備三種染料顏色：黃色、青色和綠色。青色可以是綠色加上黃色混合出來，透過三種顏色染成葉子效果。

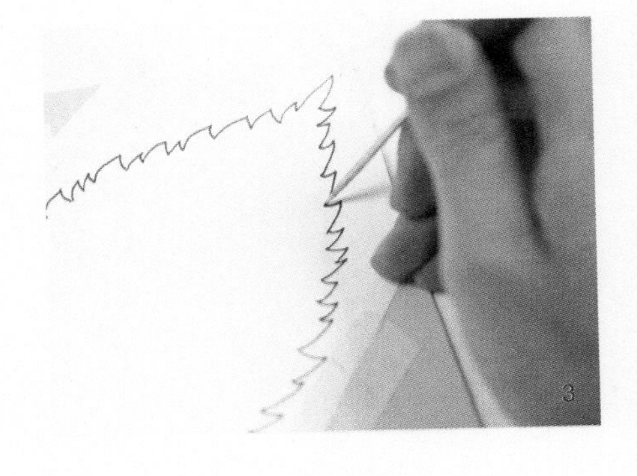
3

4

6

7

5

8 染色前先把皮革弄濕，然後用夾固定化妝棉輕染最淺色的黃色。

9 然後按著樹葉的紋路染上青色。

10 最後塗上綠色，過程中可以來回輕刷黃色及青色，以達到更自然的效果。

11 用挖槽器拉挖葉子紋路，使葉子更真實。

12 以圓沖在葉子底部打出 2 個小洞作撞釘之用。

13 同樣的在葉子尖部打出 2 個洞。

14 預備撞釘模具及兩組撞釘。

15 把撞釘套上底部 2 個洞，放左模具座上敲打至固定。

16 同樣，把撞釘打入樹葉的頭部，並在皮革表面輕塗一層定色乳液，這使顏色更持久及不脫色。

除了葉子形狀外，可找一些其他葉子形狀如楓葉，或一些動物形狀也有不錯的效果。

07

wall hanging planter

掛 牆 盆 栽 籃

盆栽籃設計簡約，放上心愛的盆栽，增添不少生活美感，營造一個靜謐舒適的環境。

7
Wall Hanging Planter
掛牆盆栽籃

tools & materials

需要工具及材料

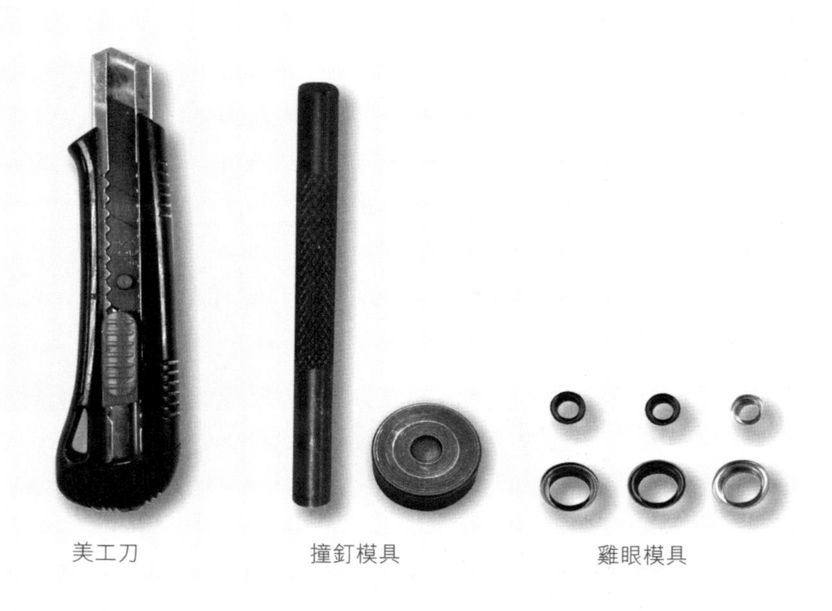

美工刀　　撞釘模具　　雞眼模具

tools & materials

主要工具／

- a 美工刀
- b 撞釘模具
- c 雞眼模具

主要材料／

- d 挺身牛皮
- e 棉繩
- f 盆栽
- g 撞釘
- h 雞眼

難易度 ▶

時間 約1小時

steps

製作方法

1

2

3

1 先選一個喜愛的盆栽。

2 準備兩塊厚身的牛皮和棉繩。

3 皮革的闊度必須與盆栽相等，長度則可因應盆栽的高度而定。

4 以圓角斬把所有角打出弧形。

5 完成兩塊同樣的皮革。

4

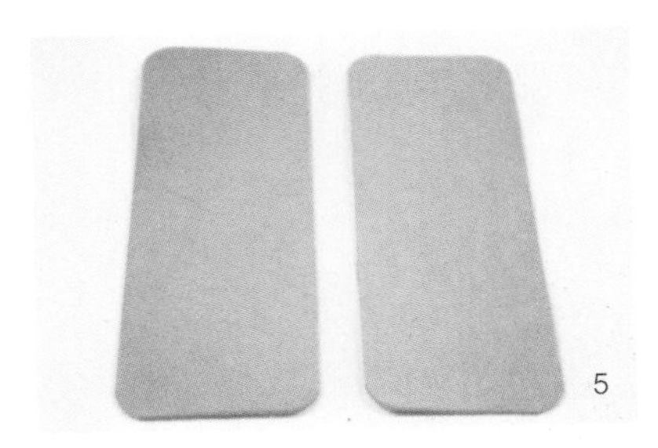

5

6

6 在皮革底部標記重疊的位置。

7 並貼上雙面膠紙。

8 將皮革重疊貼合成十字形。

7

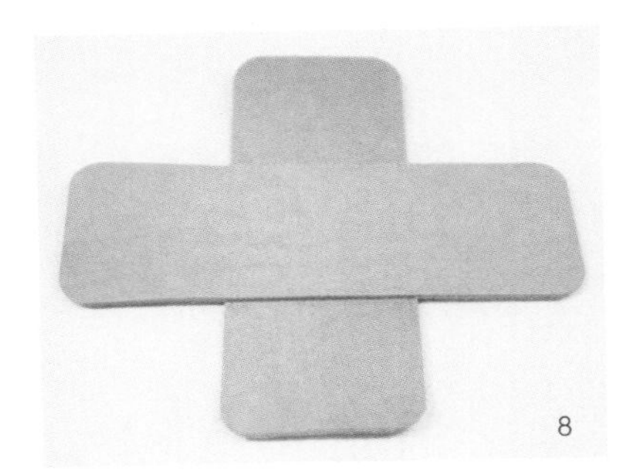

8

9

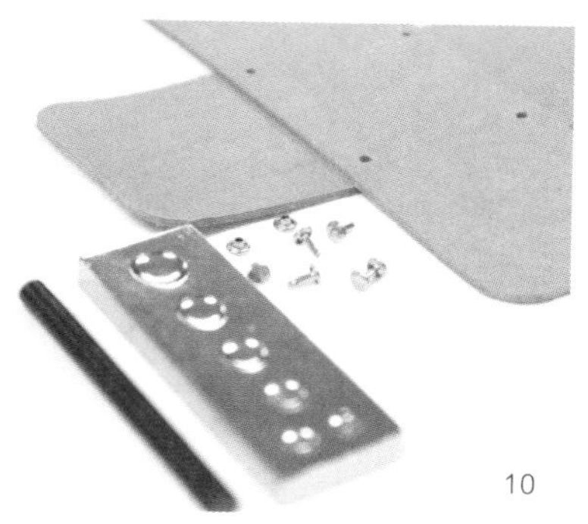

10

9 在底部四角打出圓孔。

10 準備四套撞釘。

11 在四個洞打上撞釘。

12 使兩塊皮革固定在一起。

13 然後在四邊各打出一個大洞，用作棉繩固定的位置。

14 打出的洞要裝上雞眼保護皮革，令洞口更結實、耐用。

15 謹記安裝雞眼時，在皮革底部敲打會更美觀。

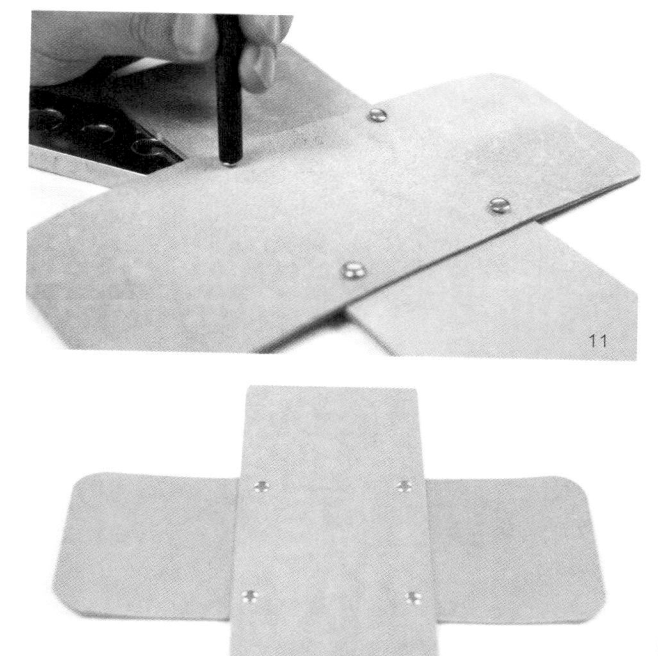

11

12

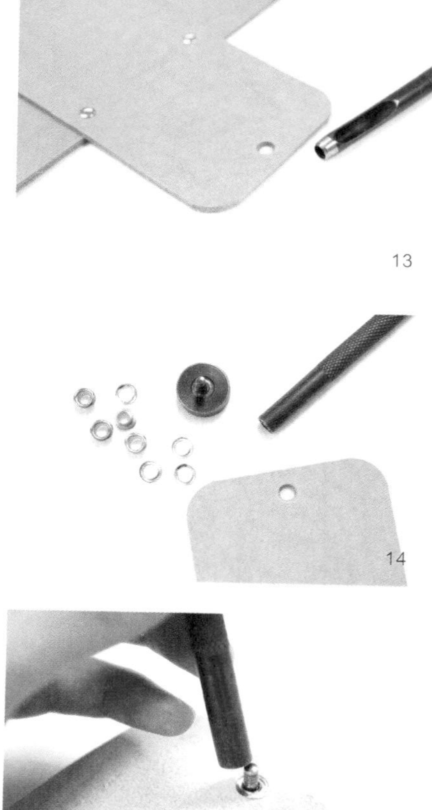

13

14

15

16 四邊已裝上雞眼。

17 用 CMC 磨滑邊緣。

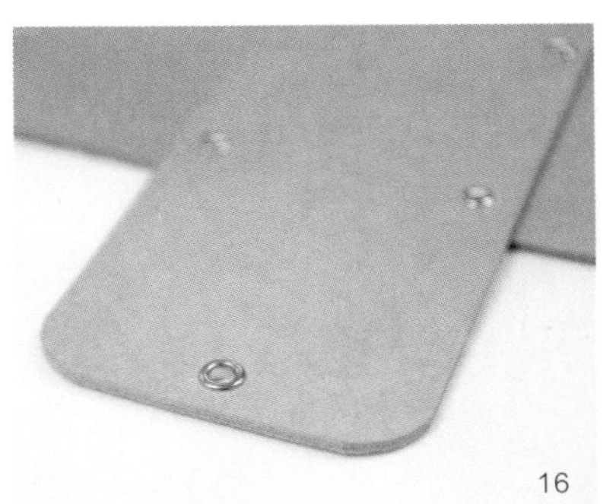
16

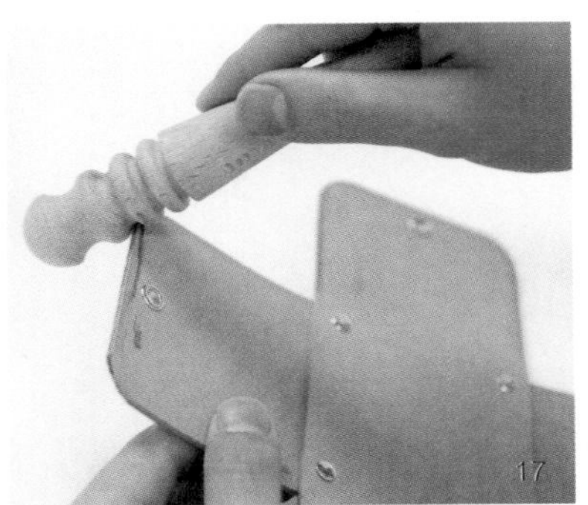
17

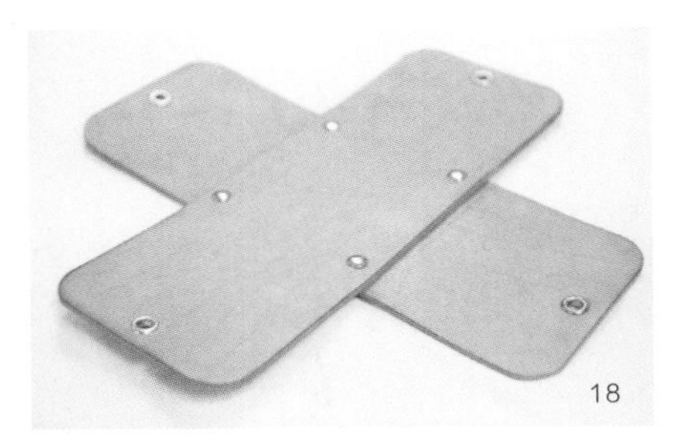
18

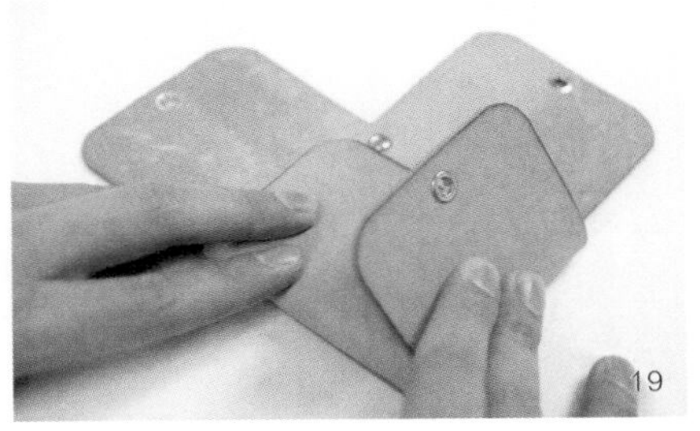
19

20

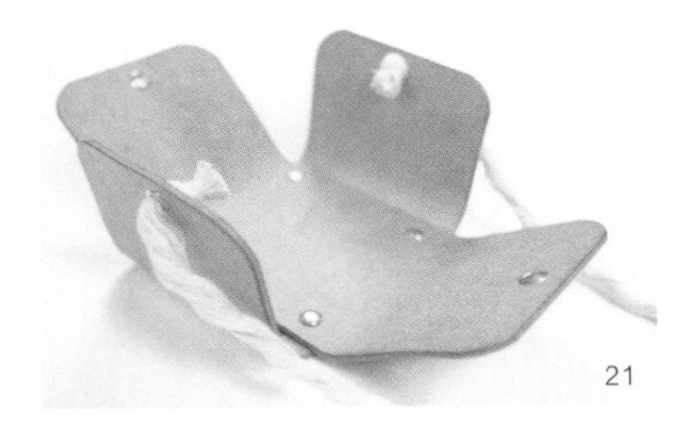
21

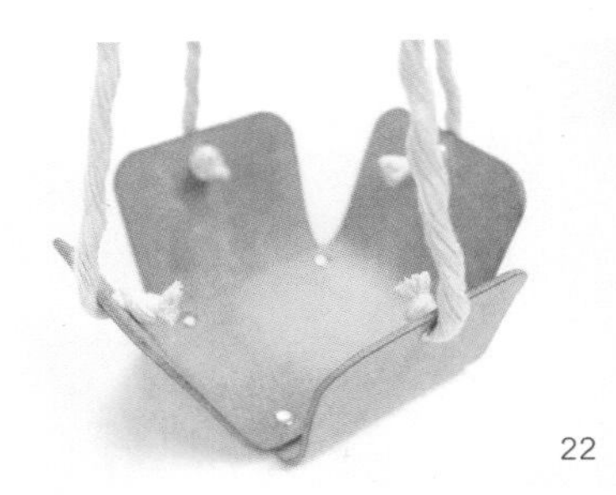
22

23

18 修飾完畢後，盆栽籃已成形。

19 將四邊按壓摺疊。

20 把棉繩繩頭穿到洞中並綁上死結固定。

21 然後把繩尾穿到對面皮革的洞口固定。

22 同樣，將另一條棉繩固定在兩邊。

23 最後把盆栽放到籃子中，完成。

把不同尺寸的盆栽的掛在牆壁上，成為家中獨特的小型植物牆，可讓家裏充滿生氣。

08

tree toothpick sleeve

樹形牙籤套

牙籤套體積少，方便隨身攜帶，拿出來時會讓你會心微笑。而且不用浪費即棄牙籤包裝紙，十分環保，又能添加了小品味。

item 8
Tree Toothpick Sleeve
樹形牙籤套

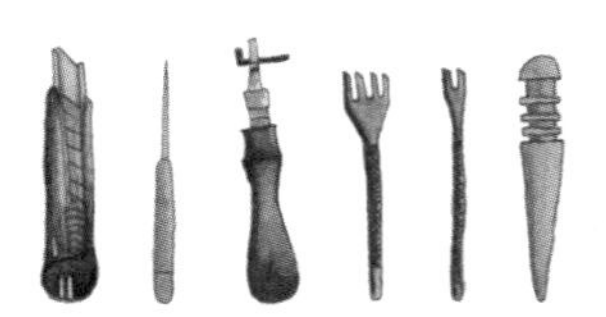

tools & materials

需要工具及材料

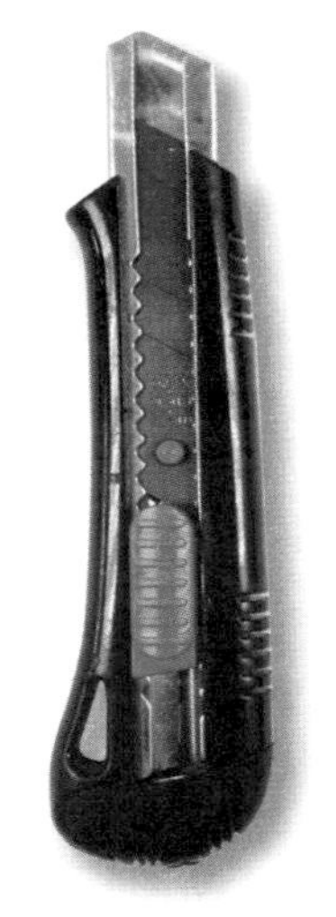

美工刀

菱斬

雙面膠紙

CMC

圓沖

保養貂油

tools & materials

主要工具 /

a 美工刀
b 菱斬
c 圓沖
d 雙面膠紙
e CMC
f 保養貂油

主要材料 /

g 牛皮

難易度

時間 約2小時

steps

製作方法

1

1 先根據紙樣裁切出皮革。

2

2 在牙籤開口位，即標記位置，頭尾用圓沖打出 2 個小洞。

3 將 2 個洞口連著的部份裁切出來，造出一個有闊度的開口位置，裁切時必需小心出界。

4 在背面貼上雙面膠紙。

3

4

5 將牙籤套主體對摺貼合。

6 沿邊用菱斬打孔。

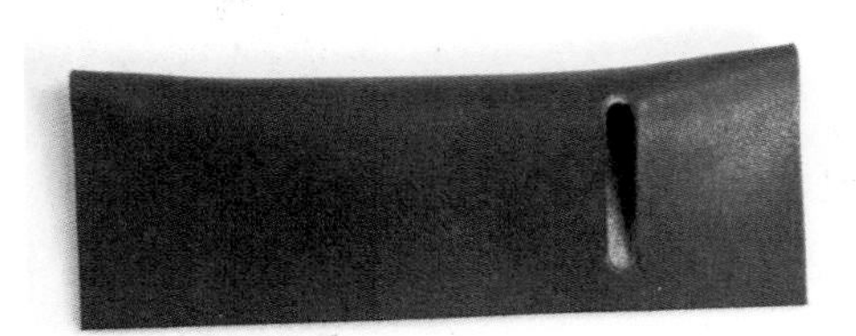

5

6

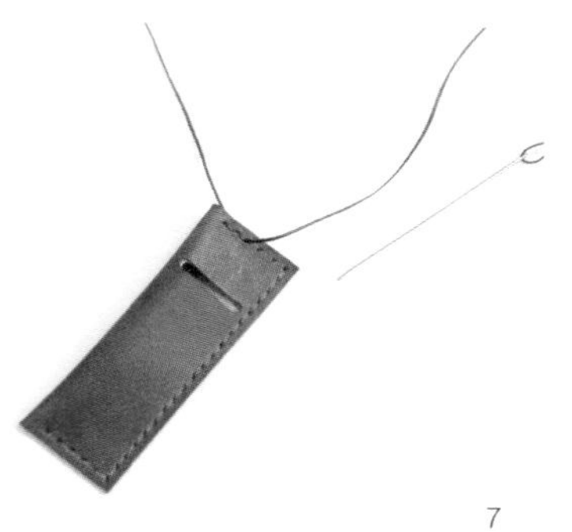

7

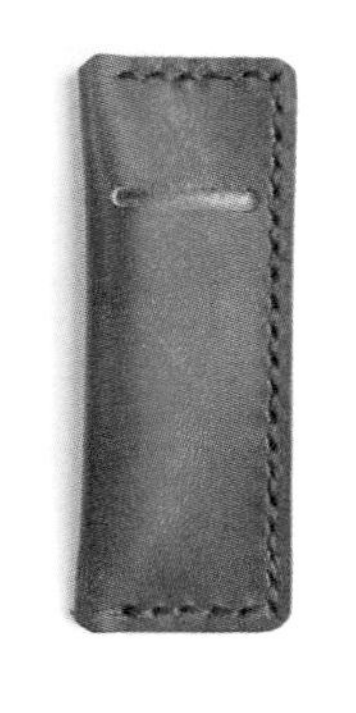

8

9

7 把牙籤套主體用蠟線縫合。

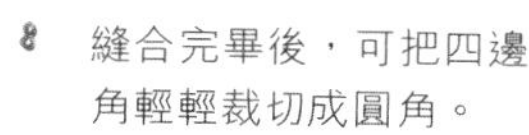

8 縫合完畢後，可把四邊角輕輕裁切成圓角。

9 以皮膏保護皮革面及以 CMC 修滑邊緣。

10 牙籤套完成，可放入牙籤。

11 如不想牙籤外露在空氣中，可加一個蓋。為增加趣味性，可把牙籤套做成樹的形狀。先裁切出兩塊綠色樹頂的模。

12 把兩塊相同大小的皮貼合，然後沿邊打孔。

13 將兩塊皮縫合起來，但謹記下邊的開口位要比牙籤套的大才能套上。

14 塗上皮膏及磨邊。

15 現在可把樹蓋套在牙籤套主幹上，形成一棵可愛小樹。

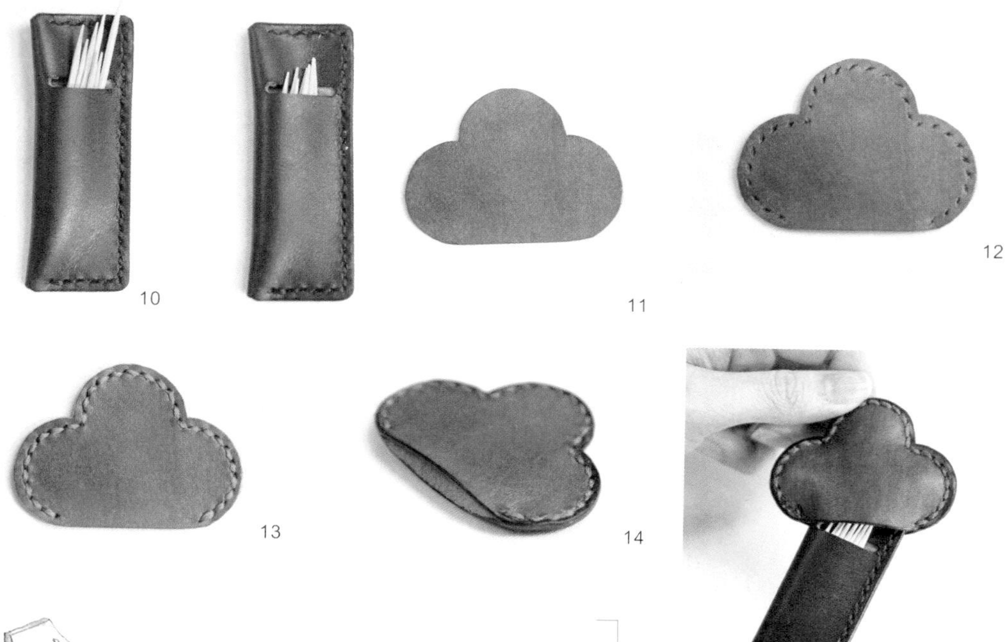

10 11 12 13 14 15

另外我很想造出一個小蘑菇造形的牙籤套，靠你們幫我實現出來了。

key chain
鎖 匙 扣

回到家中後把鎖匙扣掛在牆上，外出時掛在腰間，既方便又美觀。

item 9
/
Key Chain
鎖匙扣

tools & materials

需要工具及材料

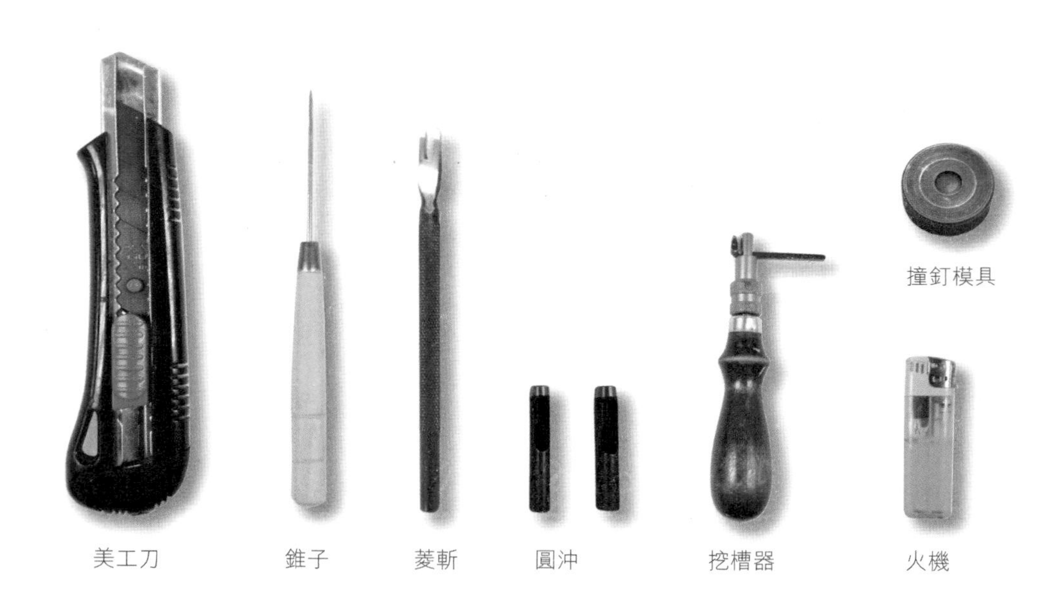

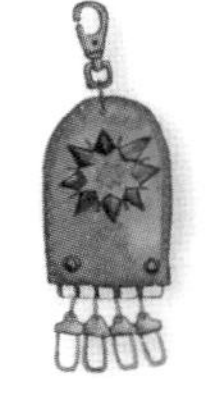

tools & materials

主要工具／

a 美工刀
b 錐子
c 白膠
d 菱斬
e 火機
f 圓沖
g 撞釘模具
h 修邊器

主要材料／

i 鎖匙牌
j 撞釘

難易度 ▶

時間 約1小時

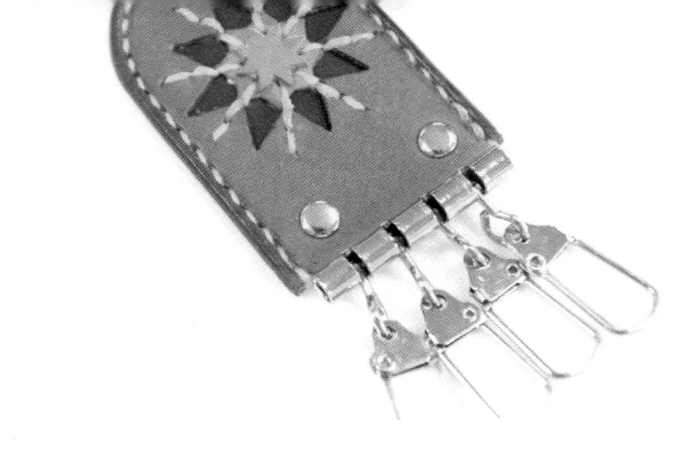

steps
製作方法

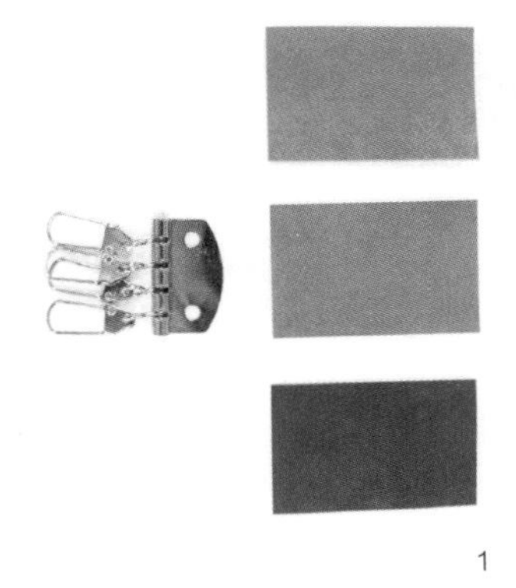

1

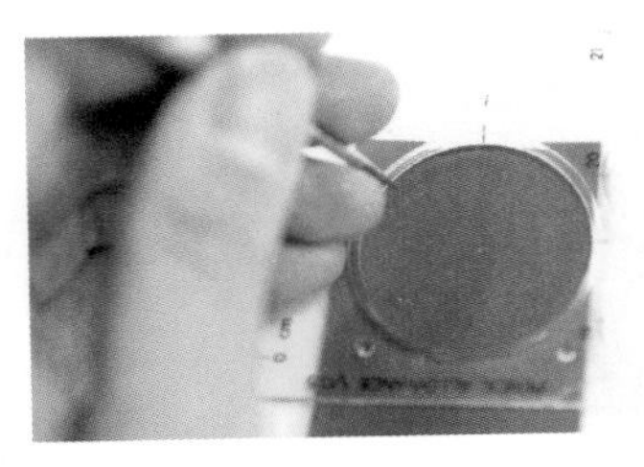

2

3

1 先準備一個四齒鎖匙牌，並裁切三張 6X4cm 的皮塊，其中一塊可選擇不同顏色，夾在中間成八角星。

2 可借助圓形尺或一些圓底狀的物件，以錐子在皮面畫上標記，裁切成圓形。

3 用美工刀跟著標記裁切成圓邊。

4 將三塊皮同樣裁切好。

5 在面的那張皮以錐子畫上八角星。

6 把八角星裁切出來時，謹記角位要向內裁切，可避免出錯。

7 留空的樣子。

8 另一邊，把鎖匙牌放在中間皮的下方，以錐子沿著邊輕畫坑線。

9 把皮裁走以留空位放鎖匙牌，使鎖匙扣完成後更平滑。

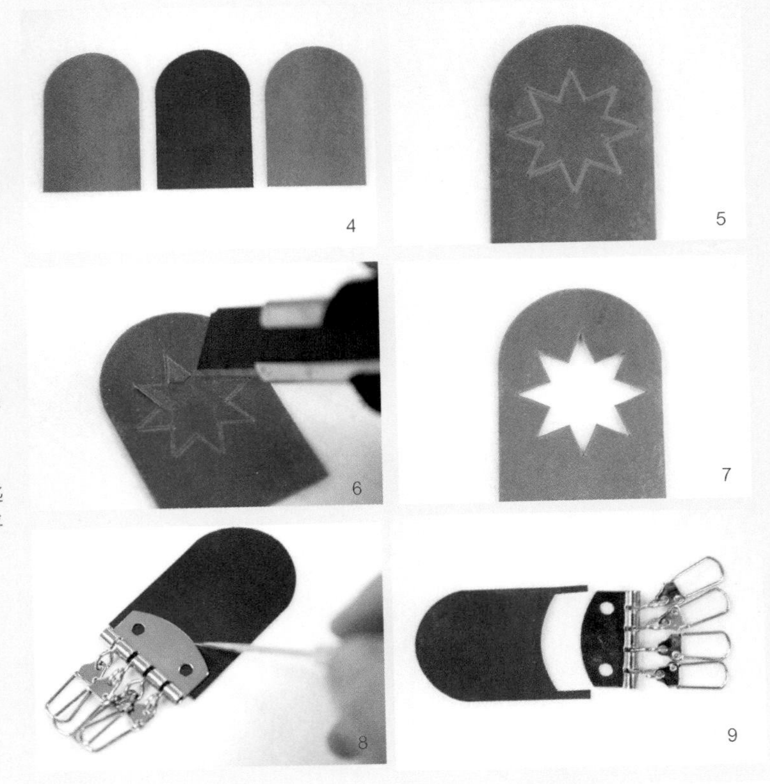

4 5 6 7 8 9

10 由左起是底層、中層夾皮（中）及面層（右）。

11 用其他顏色皮裁切兩個更小的中型和小型八角星。

12 先將中層及面層用白膠對著貼合。

13 然後貼上中形八角星。

14 最後把最小的八角星貼到八角星的正中間位置。

15 用四腳菱斬在八邊打孔。

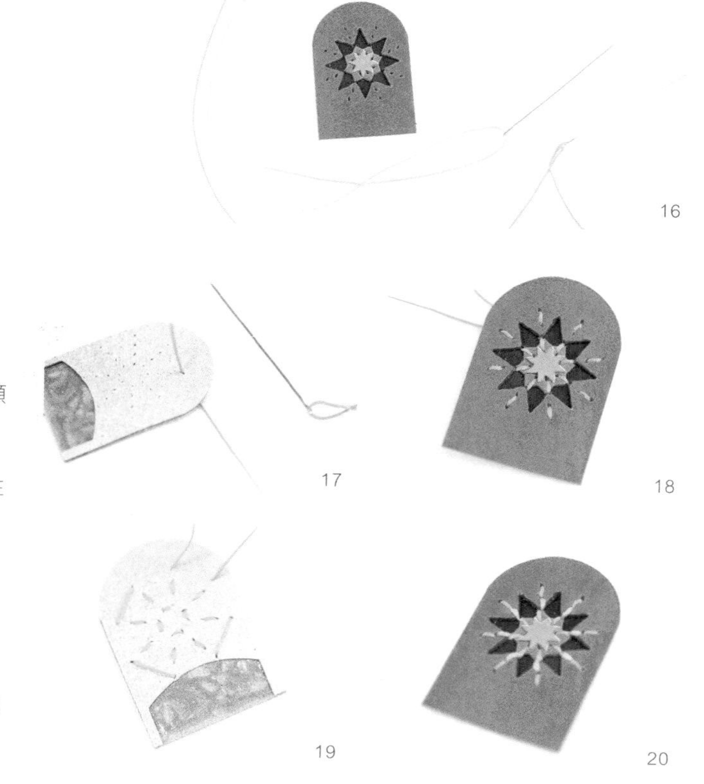

16 為增添色彩，可選用 2 隻不同顏色的線，以單針方法縫線。

17 先在背面穿針，保留些許尾線在背面。

18 以單針在各洞間隔著來回穿插。

19 最後穿回到背面並用火機收針。

20 同樣，用另一顏色的線縫合在剩餘的孔。

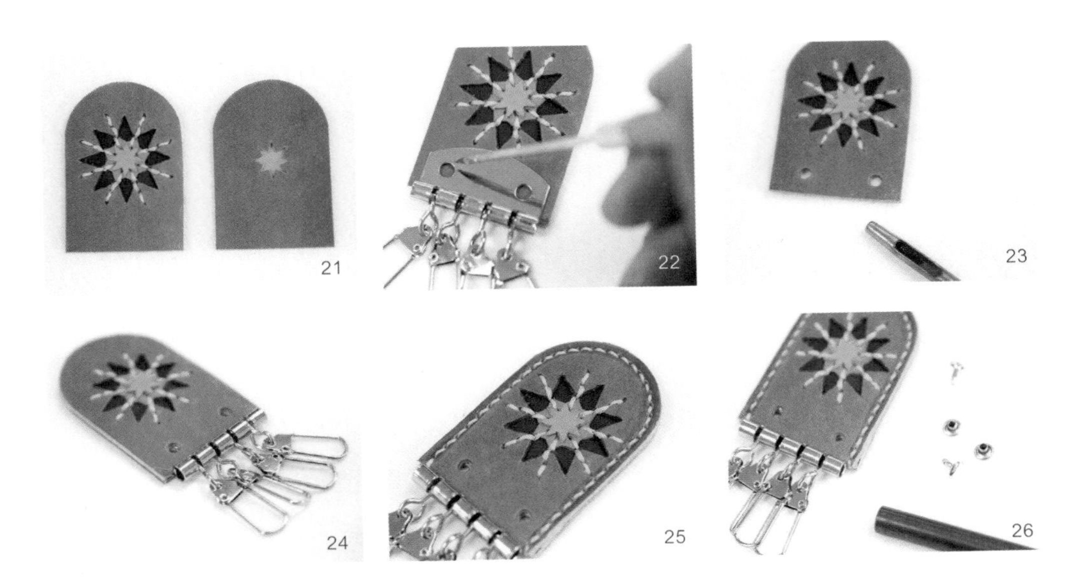

21 背面的皮塊可同樣做出八角星花紋或刻字。

22 將鎖匙牌放在面皮，以錐子標記撞釘的位置。

23 在標記位置用圓沖在面層、底層打穿 2 個洞。

24 再以白膠將鎖匙牌及面層背面貼合在一起。

25 將面層、中層夾皮、底層貼合好，沿邊打孔及縫線。

26 再準備兩組撞釘把鎖匙牌固定在皮革中。

這個花紋也可套用在銀包，散銀包上，在隨身品上創作獨有的花紋，成為個人獨有標記。

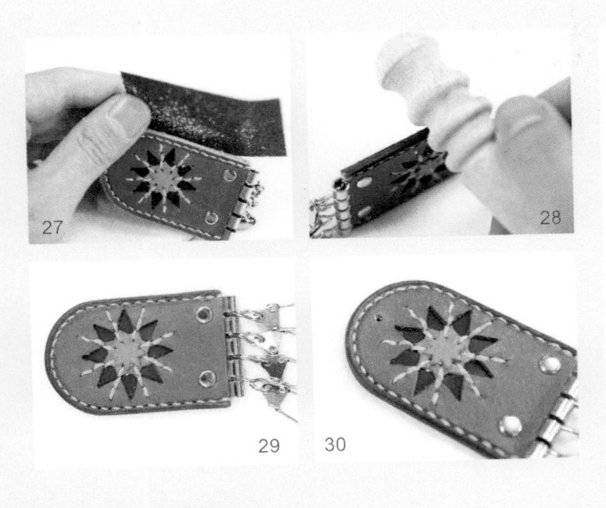

27 以砂紙磨平邊緣。

28 邊緣上色，再用修邊器磨滑至反光。

29 獨有花紋的鎖匙，完成了。

30 如果想安裝扣位，可在上方打出一個小洞。

31 把狗扣掛在上方即成。

10

remote control holder

雜 物 遙 控 架

大的一格可放置遙控器，前袋亦可放一些雜物或

細小的遙控器，將家居雜物收納得整齊有條理。

Remote Control Holder
雜物搖控架

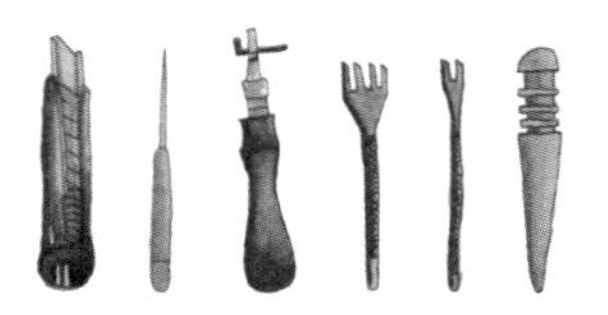

tools & materials

需要工具及材料

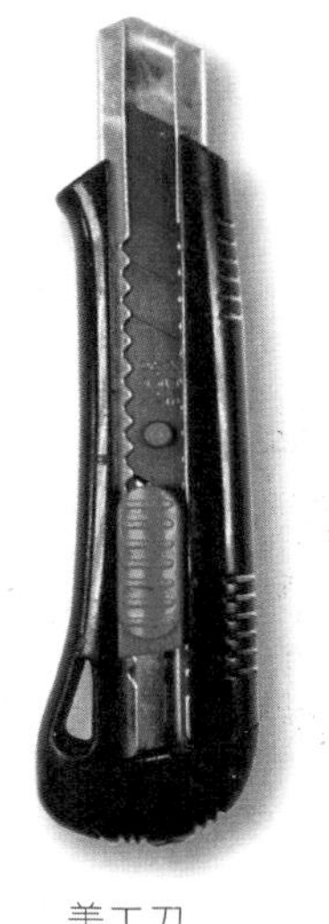

美工刀

菱斬

CMC

雙面膠紙

tools & materials

主要工具 /

a 美工刀
b CMC
c 雙面膠紙
d 菱斬

主要材料 /

e 牛皮
f 木架

難易度 ▶▶▶▶▷

時間 約4小時

steps

製作方法

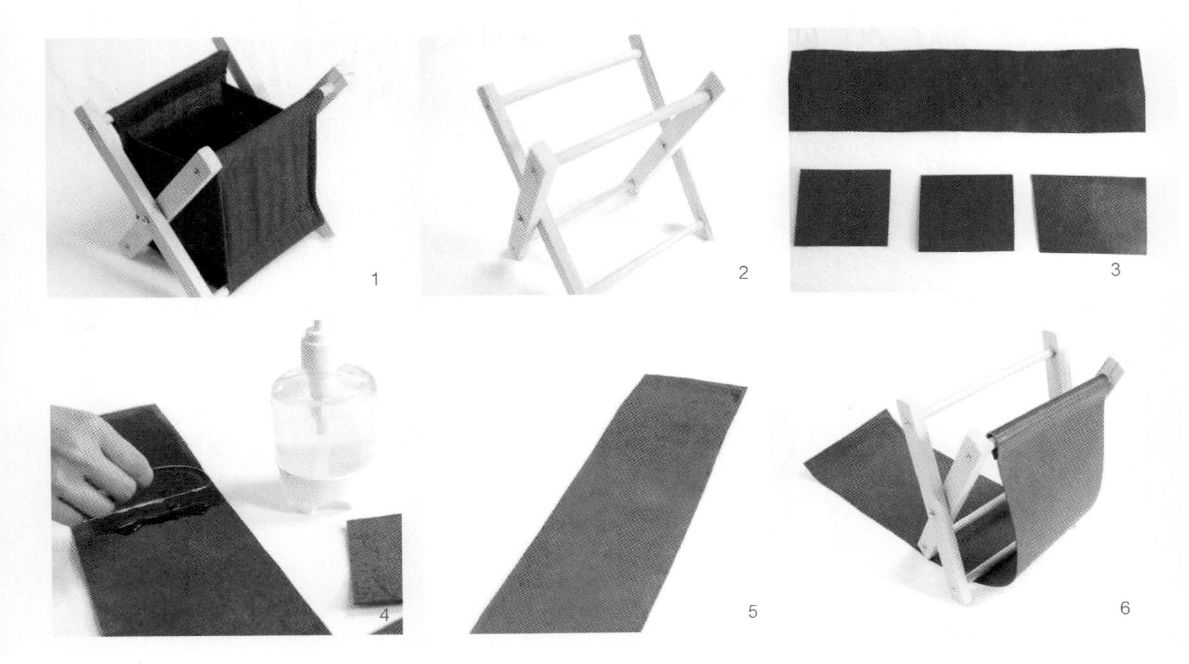

1 成品主要是改造雜物架，雜物架可在家居、雜貨小店找到得到。

2 把雜物架上的布袋剪掉，留下木架。

3 另外裁切出 4 塊皮革，上方的是主體，另外的分別是雜物架的兩側皮及梯形狀的前袋。
如所購買的木架大小不同，可自行量度皮革尺寸，調整皮革大小。

4 用 CMC 塗在各皮底使其更順滑。

5 先在主體皮革頭尾貼上雙面膠紙。

6 把皮革的一端固定在木架上。

7 另一邊同樣，把皮革固定在木架的上方橫柱。

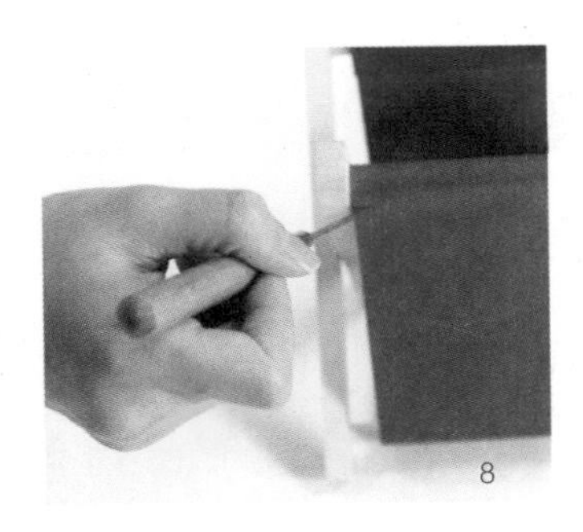

8 用錐子把重疊的位置作標記。

9

9 把皮拆下來，在標記位置畫出縫線位。

10

10 用菱斬打出一行縫線孔，另一端同樣，但先不要縫合。

11

11 在袋底打孔及縫合。

12

12 然後在兩邊斜邊貼上膠紙。

13

13 在袋底打孔及縫合。

14 然後在兩邊斜邊貼上膠紙。

15 對準主體的兩邊把前袋貼合，因前袋是梯形的關係，可看到造出來的袋是立體有空間的袋子。

16 把在兩側的皮革貼上雙面膠紙。

14

15

16

17

18

17 把兩側的皮貼在主體兩旁的背面，位置與前袋一樣。

18 將三層皮打孔並縫合起來。

19

20

19 用雙面膠紙把兩側另外一邊的皮貼在主體的另一邊。

20 兩側打孔。

21

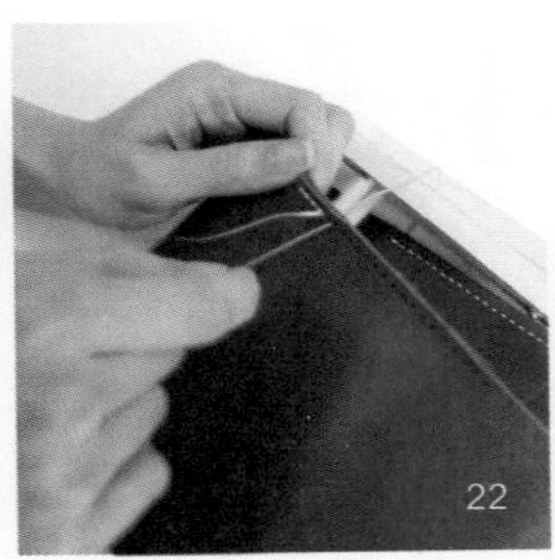

22

21 縫合前把皮革套回木架上。

22 把兩側縫合起來。

23 只差主體兩端未縫合。

24 把皮革套回木柱把頂端縫合好。

25 縫合完畢後，可作簡單邊緣修飾，完成。

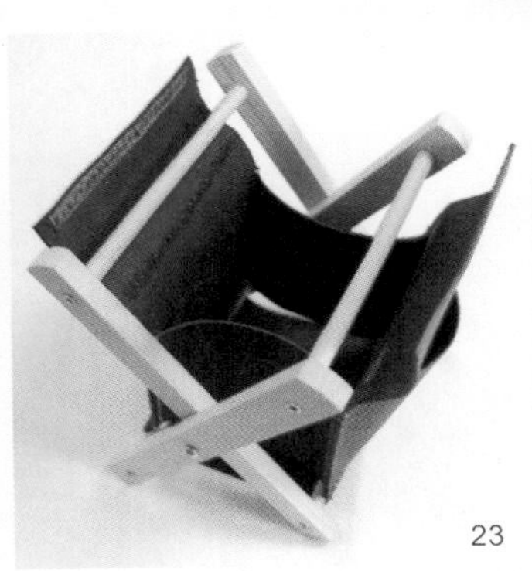

23

24

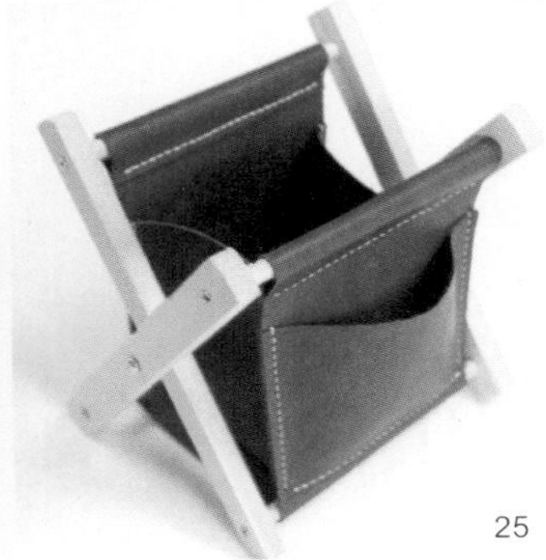

25

這次示範是製作皮木架，大家可用同樣方法製作一些大型木架，放入一些雜誌及信件等物品，將家居雜物收納整齊。

tissue box cover

紙巾盒套

配合家中的設計，替紙巾盒換上奪目、耐用的新衣，為家裡增添了不少生氣！

item 11
Tissue Box Cover
紙巾盒套

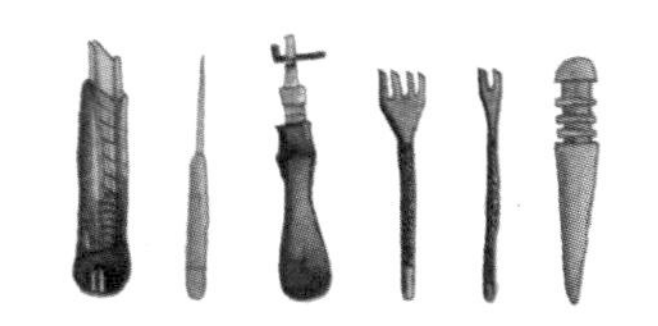

tools & materials

需要工具及材料

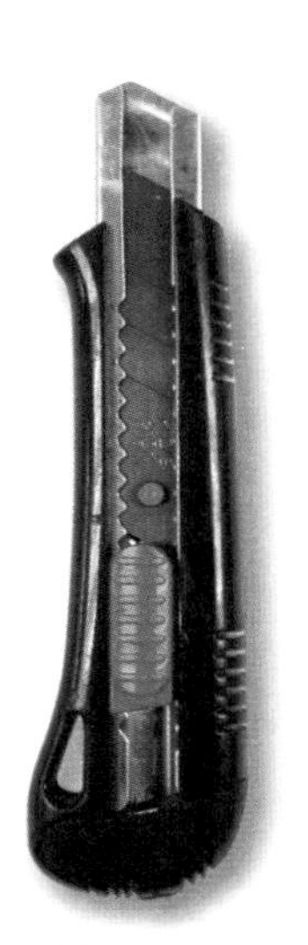

美工刀

菱斬

白膠漿

tools & materials

主要工具 /

- a 美工刀
- b 菱斬
- c 白膠漿

主要材料 /

- d 牛皮

難易度 ▶▶▷▷▷

時間 約3小時

steps

製作方法

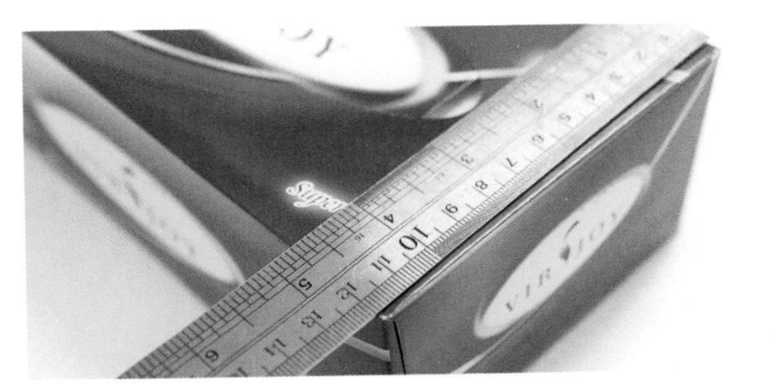
1

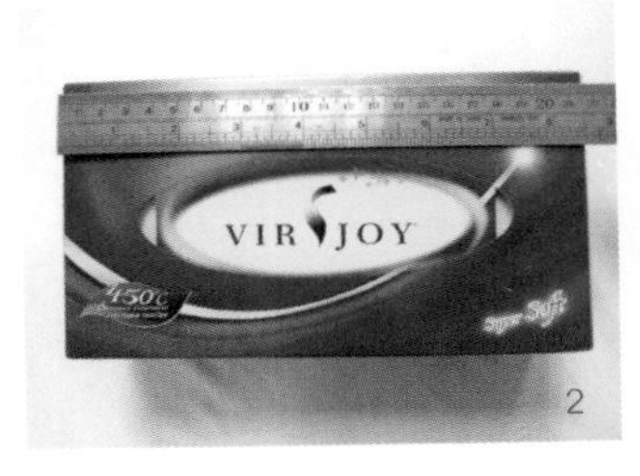

2

3

1 因為市面上的紙巾盒尺寸有少許差異，可按照自家的紙巾盒尺寸，製作一個合適、貼合的套。

2 這個盒面的尺寸是 21.5cm X 12cm。

3 這是反套的做法，所以每邊需要預長多 0.5cm 的皮，盒面的尺寸為 22.5cm X 13cm。

4 而四邊的長度與盒子高度相同就可以。

5 撕掉紙巾盒上的拉蓋位。

6 把撕出的紙放到皮革中間，用錐子沿著紙畫出標記。

7 沿著標記裁切出抽出紙巾的位置。

4

5

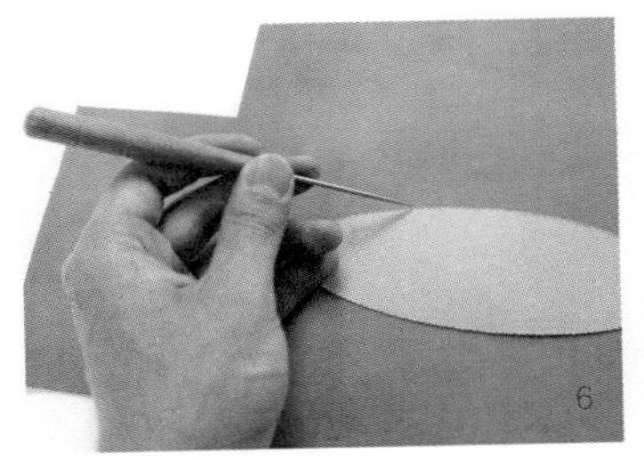
6

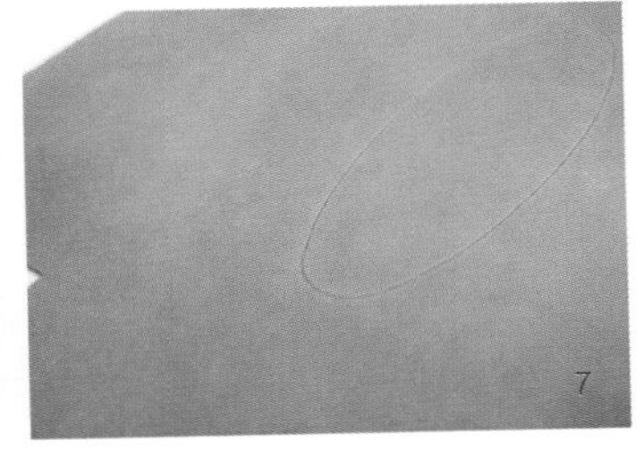
7

8 為加強袋口的耐用度，在另一張皮革上裁切出同樣大小的洞，可選擇不同顏色的皮革作裝飾。

9 按照個人設計，裁切出喜愛的形狀。為襯托出藍色的紙巾盒，於是裁切了白雲的模樣。

10 把白雲模樣的皮對準主體的洞口，用白膠漿貼合。

11 沿著洞口邊打孔。

12 先把洞口邊緣縫合。

13 在主體縫合成套前，先做裝飾會較為方便。

14 將紙巾套的八邊打孔，因對合縫線的關係，八邊的洞數必須一樣。

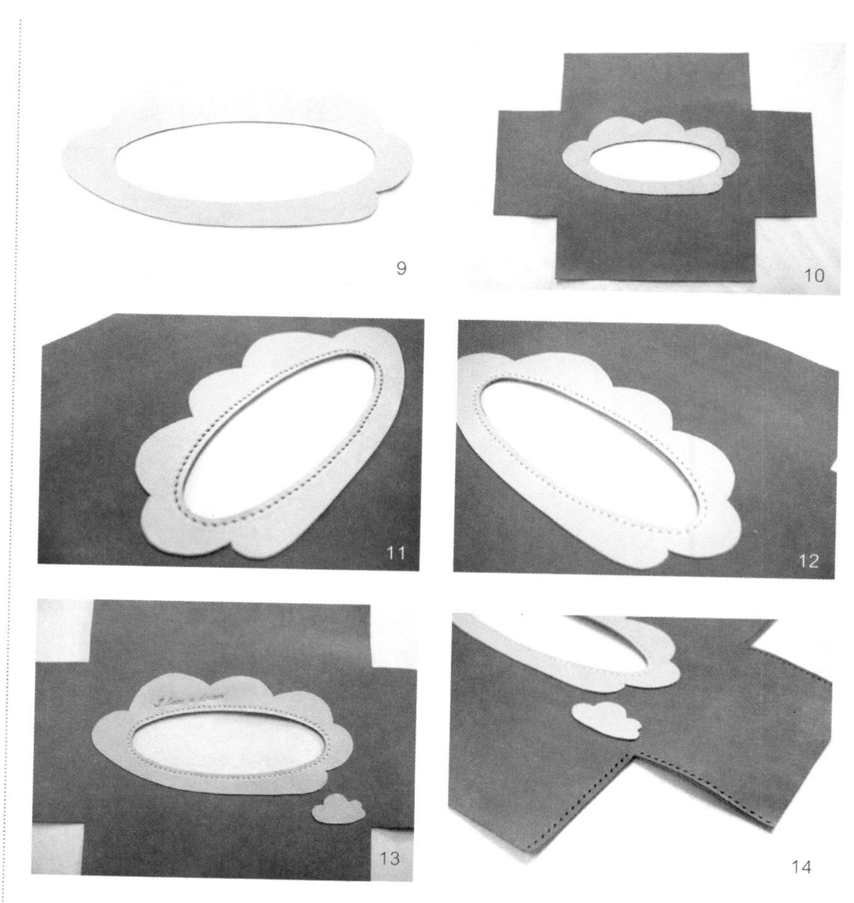

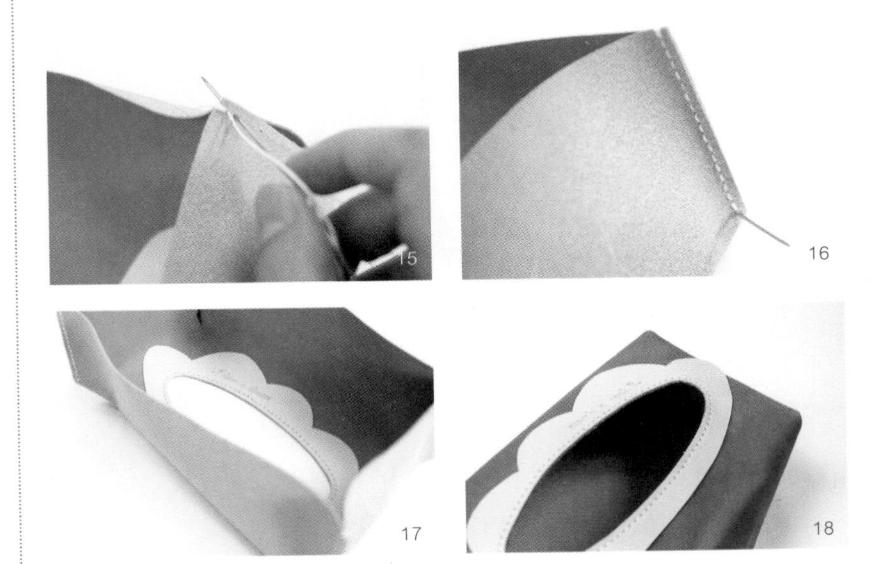

15 16 17 18

15 把皮面與皮面對好縫合，開針時要先包邊縫合，使邊位更穩固。做這類的皮套款，反袋縫合會較好看。

16 縫合完一邊後先收針。

17 同樣，完成四邊的縫線後，盒套已成形。

18 把皮革反過來。

19 塗上皮膏作防水用途並套上紙巾盒，完成。

19

除了是紙巾盒套，亦也可製成圓筒形，包裹著卷裝的紙巾，相信也會很別緻！

12

cushion

咕 唖

皮咕唖配上米白色的布沙發，展現出簡約家居氣息。攬著親手做的皮咕唖，享受著慵懶的休憩時光。

item 12
/
Cushion
咕啞

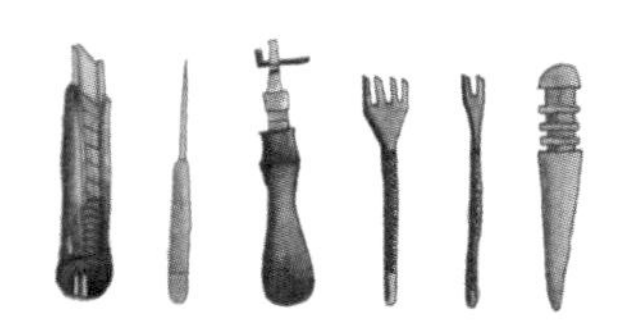

tools & materials

需要工具及材料

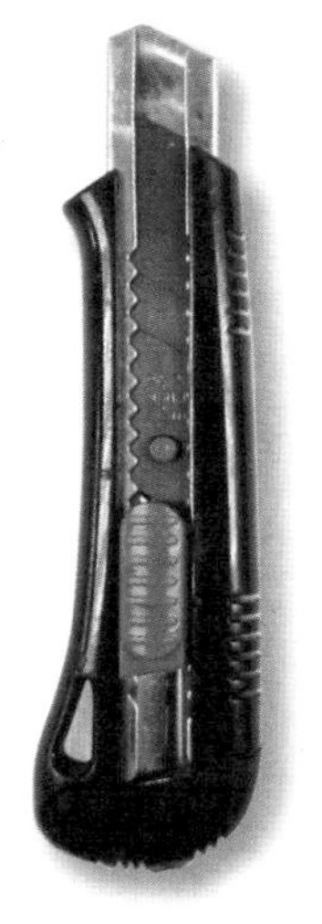
美工刀

菱斬

鉗

tools & materials

主要工具 /

- a 美工刀
- b 菱斬
- c 鉗

主要材料 /

- d 軟身牛皮
- e 2cm 闊皮條
- f 長拉鍊
- g 咕啞內芯

難易度 ▶▶▶▶▷

時間 約6小時

steps
製作方法

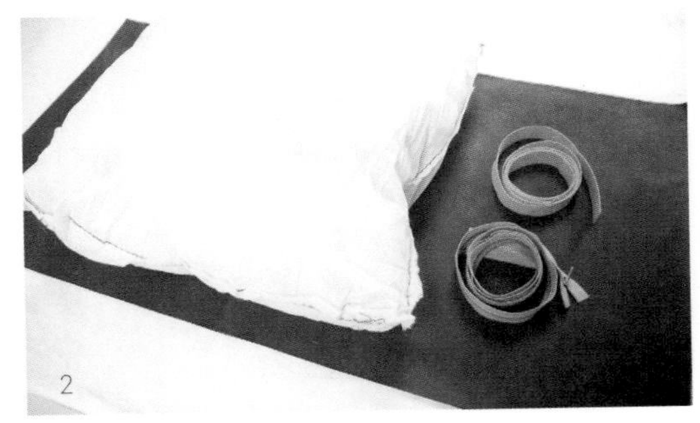

1 要抱著有舒服的感覺，主體需要選用軟身的皮革，以羊皮為佳。為了增加咕啞的立體感，這個章節會教授圓滾邊的技法，所以需要另外裁切一條 2cm 闊的皮條，如果皮革不夠長，可用 2 條代替。

2 另外，需要預備一個咕啞內芯，先用軟尺量度咕啞的尺寸。因製作咕啞套時需要內外反轉的關係，主體的皮革每邊要各預多 2cm，即長及高需預長 4cm。

3 然後將皮革所有的角用角斬打圓，如沒有角斬的話，亦可畫出圓角再用美工刀裁切。

4 記下拉鍊所需的長度。因為很多時作品的長度未必可配上合適的拉鍊，而需要修改拉鍊的長度。

5 用五金鉗把拉鍊上的牙仔夾脱掉。

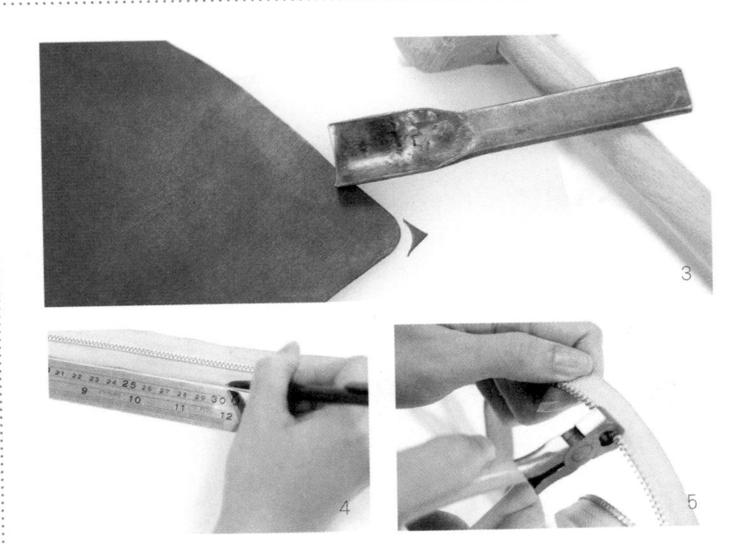

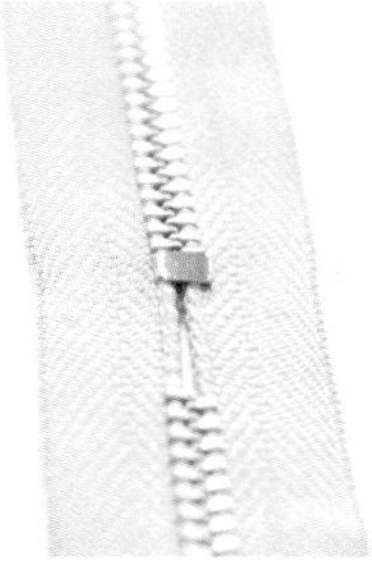

6

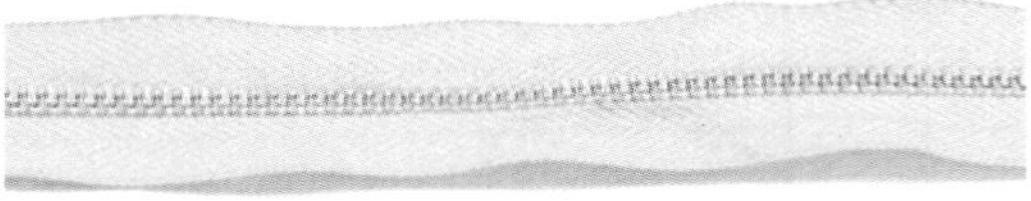

7

6 直至露出兩邊拉鍊布各 2cm。

7 剪掉多餘的拉鍊就可以使用了。

8 先在皮革裁切一個小口避免拉鍊外露。

9 然後用強力膠水把拉鍊固定在皮革上，注意皮革應覆蓋著半邊拉鍊的。

10 同樣，貼上另一塊主體皮革，完成貼合後，兩塊皮革應完全覆蓋著拉鍊。

11 沿邊用菱斬打孔。

12 把拉鍊縫合在皮革。

13 這是反套的做法，先在咕啞套的反面用縐紋膠紙固定兩塊皮革。

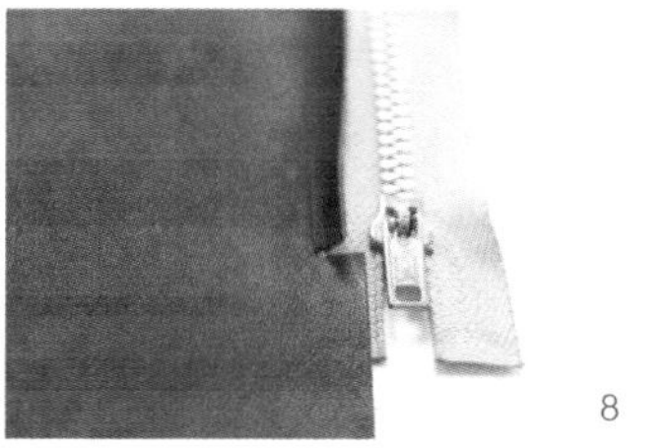

8

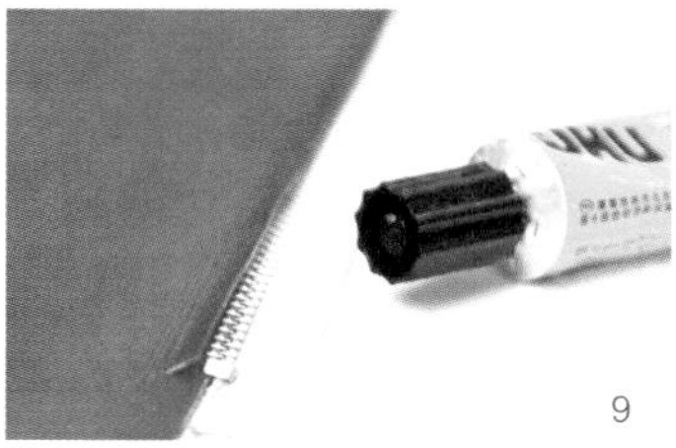

9

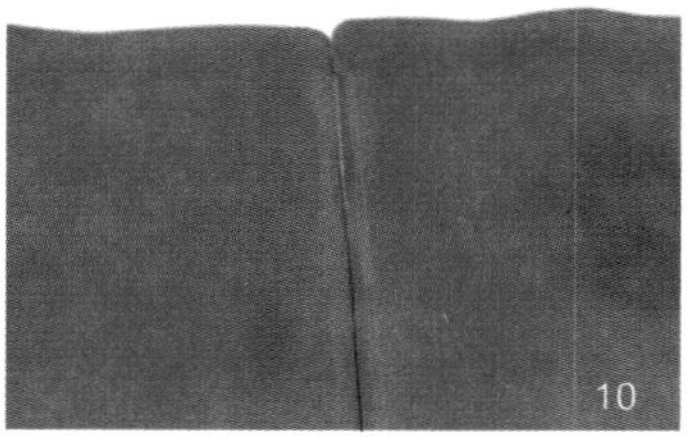

10

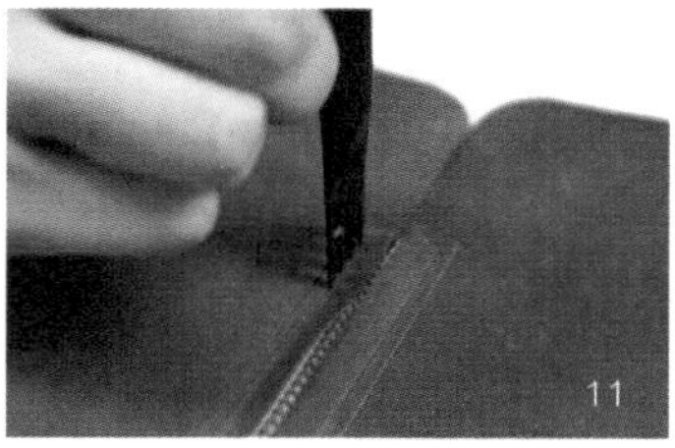

11

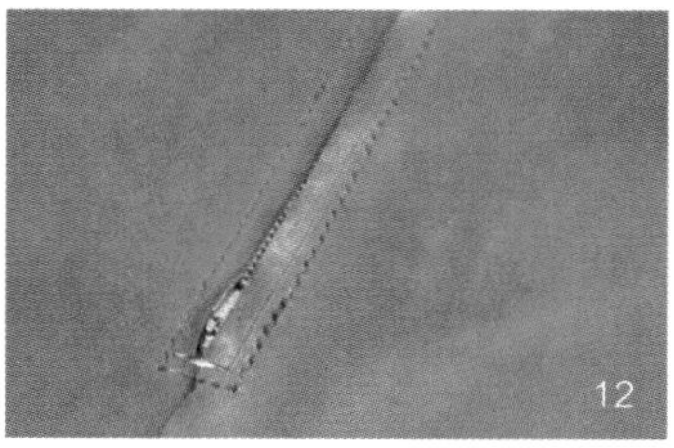

12

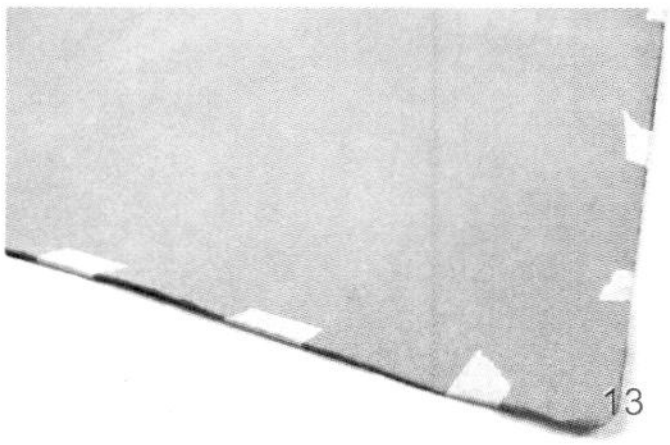

13

14 沿邊畫線及打孔。

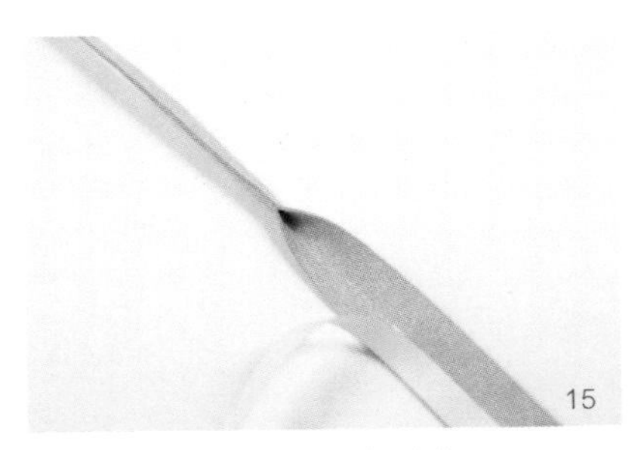

15 皮條用雙面膠紙對摺貼合。

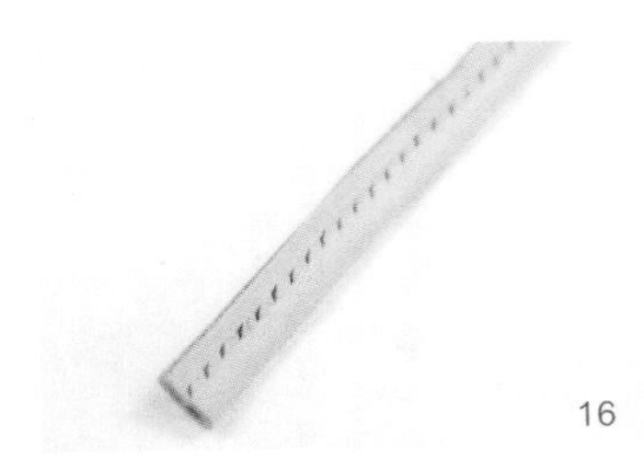

16 沿邊打孔後備用。

17 把皮條放置在主體皮革之間一同縫合，但謹記皮條圓邊向內。

18 遇到縐紋膠紙，只要撕掉繼續縫合就可以了，但不要一次過撕掉全部縐紋膠紙，有膠紙固定更容易縫合。

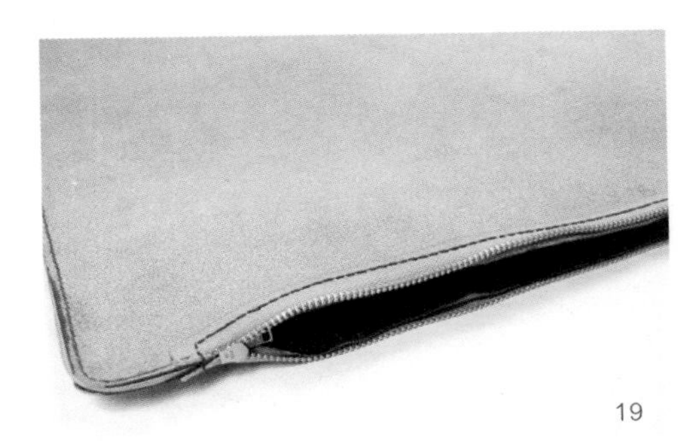

19 將整個咕啞套縫合前，必需把拉鍊拉開，否則不能反轉咕啞套。

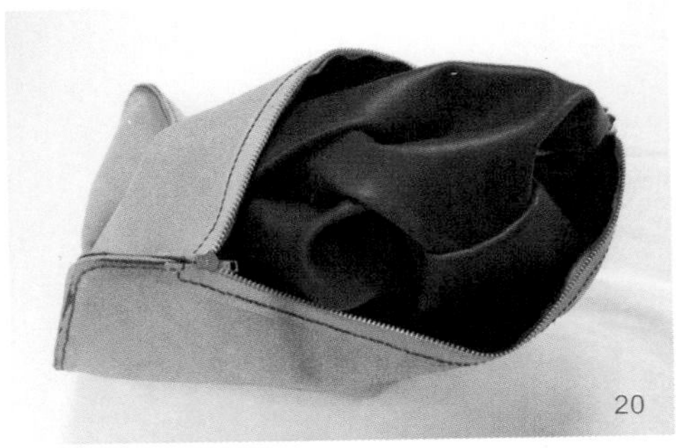

20 從拉鍊口中把整個套反出來。

21 這是反出來後圓滾邊的效果。

22 套上咕啞內芯。

23 在皮面輕輕塗一層皮膏使咕啞更軟熟及耐用。

24 這是拉鍊的部份，全都藏在皮革內，抱著也不會給拉鍊刮損。

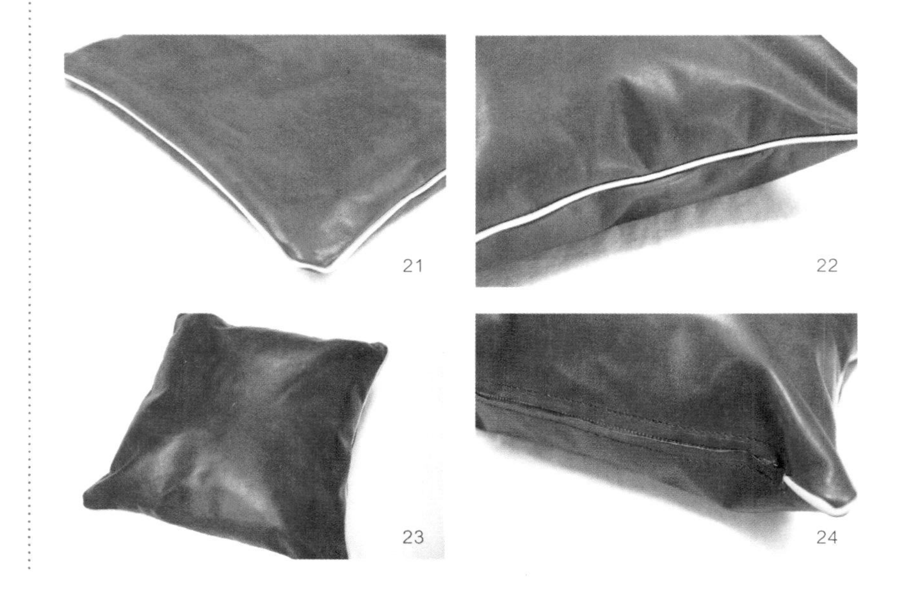

在咕啞背後加上一條帶，就可固定在車輛座位作頭枕或背墊。

leather flip flop

家居皮拖鞋

皮拖鞋簡潔得來又帶點古風味道，在家內穿著，既型格又有個性。

GLAMOUR
Leather Flip Flop
家居皮拖鞋

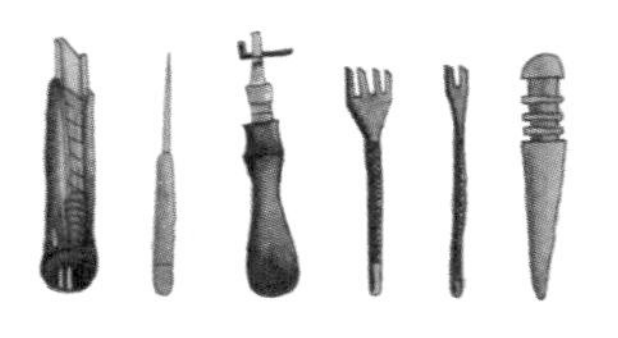

tools & materials

需要工具及材料

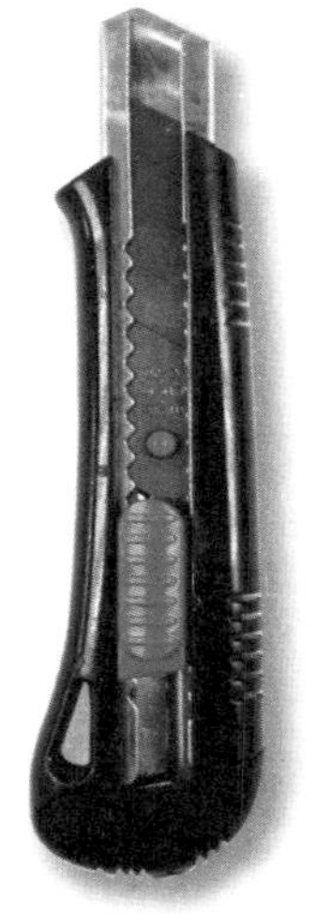

美工刀

菱斬

挖槽器

強力膠水

tools & materials

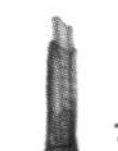

主要工具 /

a 美工刀
b 菱斬
c 強力膠水
d 挖槽器

主要材料 /

e 3mm 牛皮
f 1.5mm 牛皮

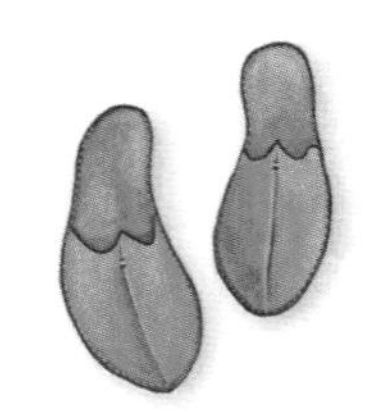

難易度 ▶▶▶▶▶

時間 約 6 小時

steps 製作方法

1

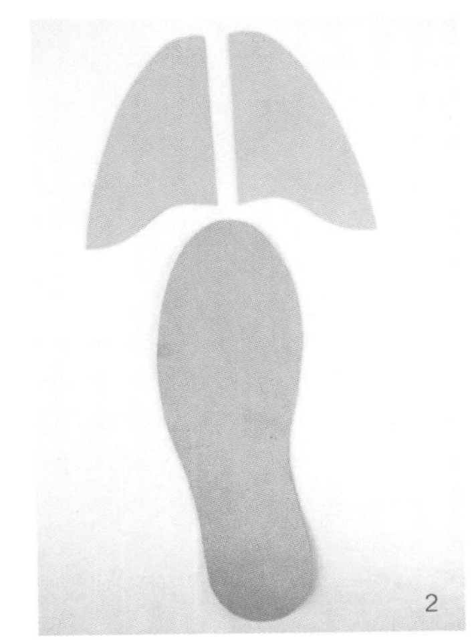
2

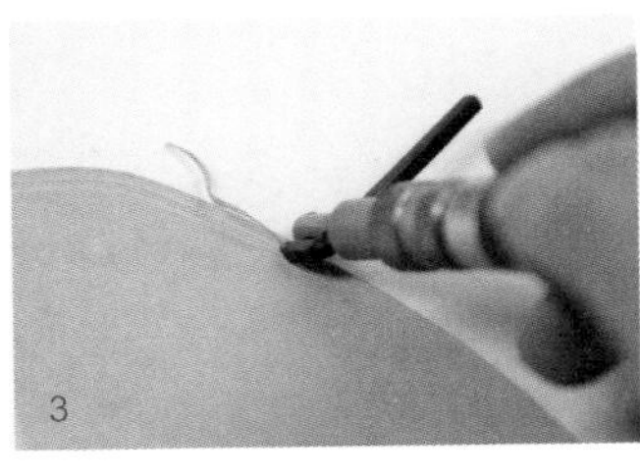
3

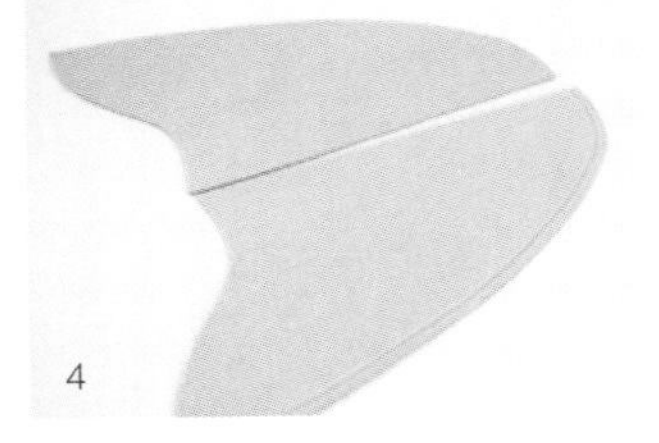
4

1 鞋底與皮需用一些較厚的皮革與5元硬幣的厚度相約，這樣穿著會更舒適，而鞋面則選用一些普通厚度的皮革就可以了。

2 根據提供的紙樣把皮革裁切出來，反轉紙樣同樣裁出另一隻，不同鞋子尺寸可直接縮放紙樣影印出來。

3 用挖槽器在鞋面的皮革邊沿挖出溝槽。

4 溝槽有藏線的用途，避免穿著時磨斷線，皮拖鞋會更耐用。

5

6

7

5 在皮背面貼上雙面膠紙。

6 把兩塊鞋面中間直線位置對摺貼合。

7 在直線位置挖出溝槽及打孔。

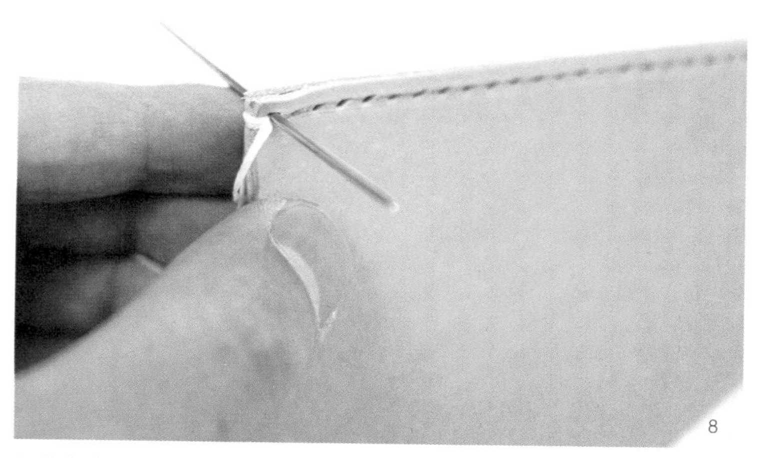

8 縫合時，開首要用線包邊縫合 2 次，這樣可以令開合位更堅固。

9 縫合到尾後，要回後縫合 2 針以增強拉力位才收針。

10 然後將鞋面打開，在外圍沿溝槽打孔。

11 這是打好洞的鞋面，待會縫合到鞋底上。

12 同樣的用挖槽器沿著鞋底皮革邊拉出一條溝槽。

13 依著邊緣打孔，可用 2 齒菱斬處理彎位。

14 鞋底打完洞後，可準備與鞋面一起縫合。

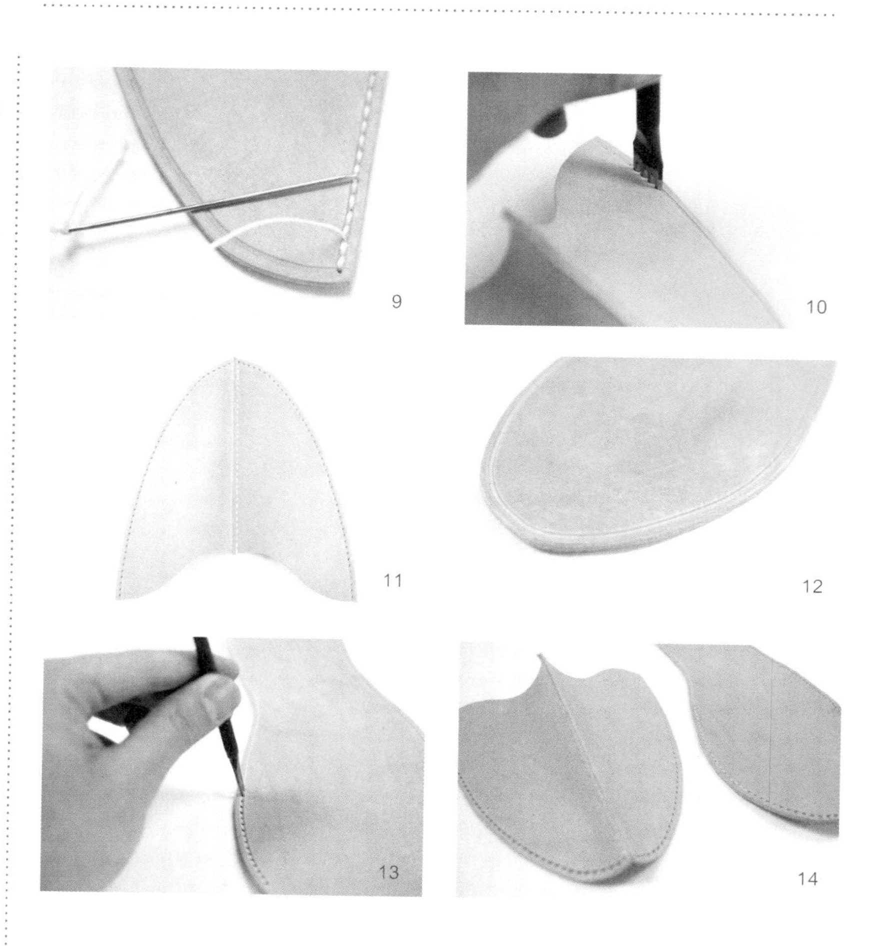

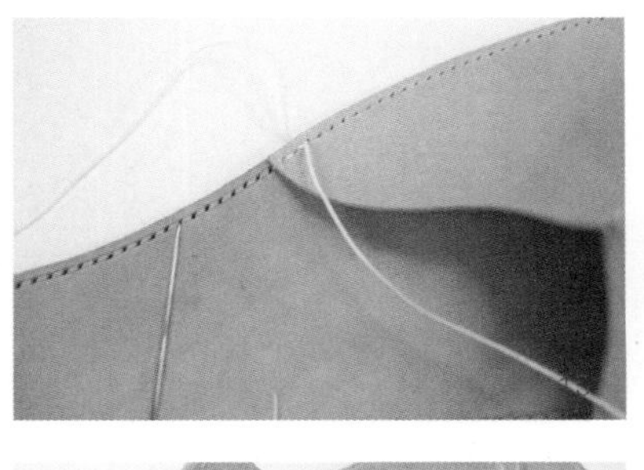

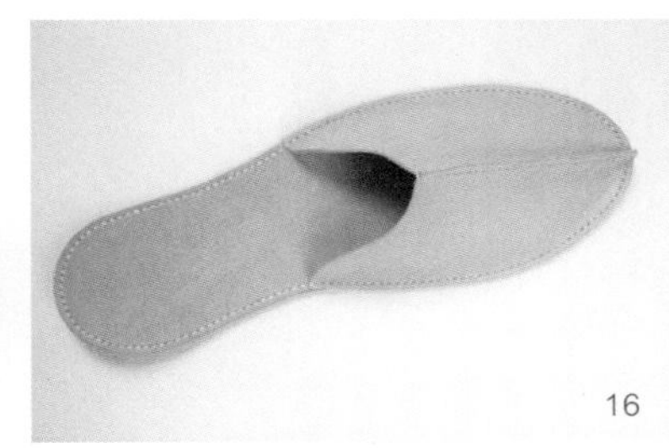

16

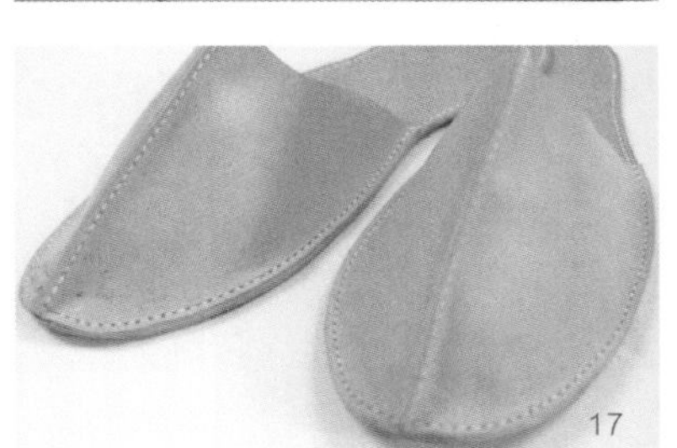

17

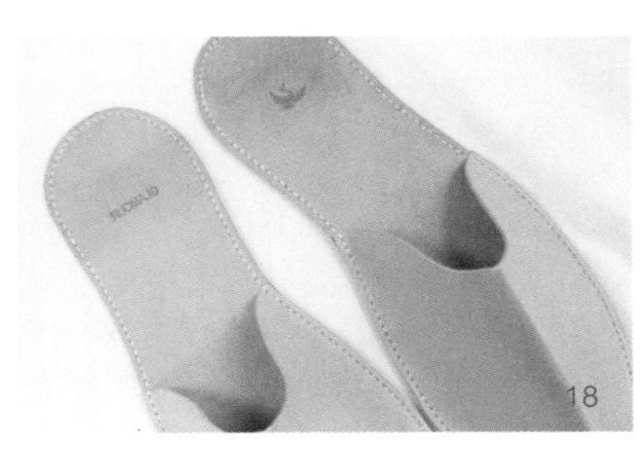

18

15 根據紙樣的標記，把鞋面對準黑色點的位置開始縫合。

16 把整對拖鞋圍一圈縫合。

17 完成另一邊拖鞋。

18 可在鞋底壓上名字或喜歡圖案。

19

19 若覺得鞋底不夠厚或不舒服，可準備多一張厚的皮革貼合在底部。當然軟膠、絨布等材料也可。

20 以強力膠水將皮革完全貼合在鞋底。

21 待乾後，裁切出多餘部份。

22 用粗砂紙磨平拖鞋邊緣。

23 全對拖鞋輕輕塗上布膏，並用CMC 磨滑邊緣，直至呈反光效果為佳，完成。

20

21

22

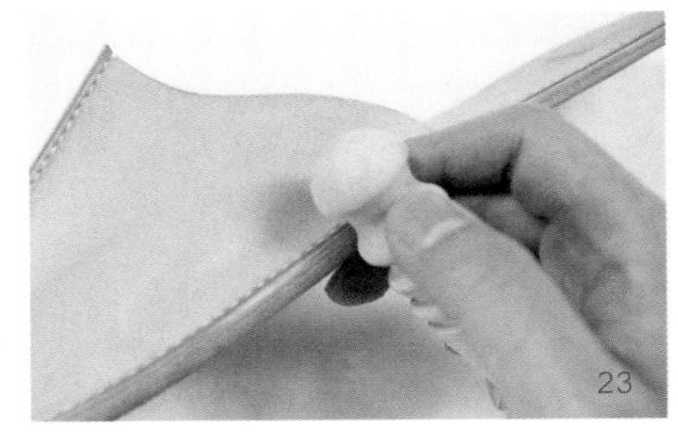

23

如果一家人各有一對，不妨試試用不同顏色的線作一點裝飾。

galaxy clock
星空時鐘

無數繁星，彌漫的星空，都刻在這獨一無二的星空時鐘上。

item 14

Galaxy Clock
星空時鐘

tools & materials

需要工具及材料

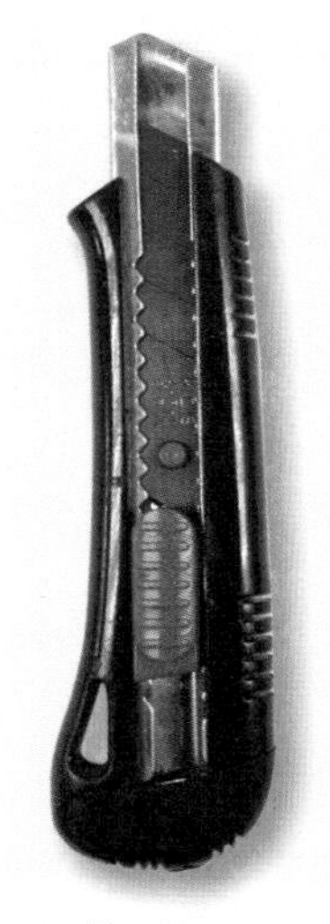

美工刀

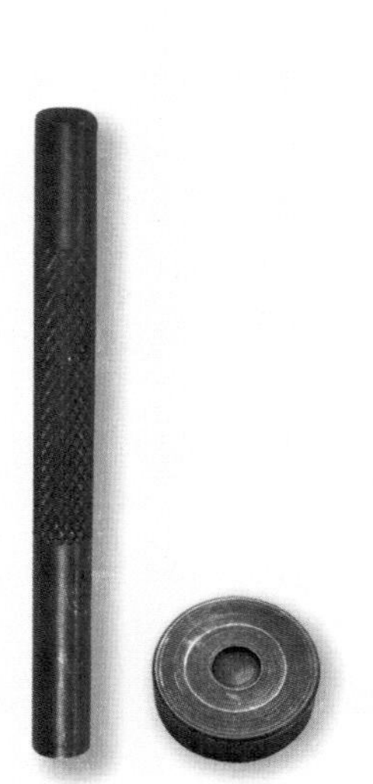

撞釘模具

菱斬

CMC

tools & materials

主要工具 /

- a 美工刀
- b 菱斬
- c 挖槽器
- d CMC
- e 撞釘模具

主要材料 /

- f 可染色牛皮
- g 鐘芯
- h 染色料

難易度 ▶▶▶

時間 約5小時

steps

製作方法

1

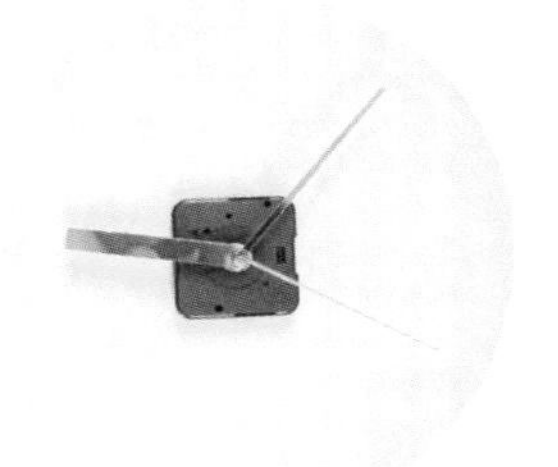

2

3

1 機芯可購於網上，或購買市面上自製時鐘的材料包亦可。

2 裁切一塊喜愛大小的圓形皮革。畫圓形的時候，可借用家中一些圓形物件幫助繪畫在皮革上。

3 星空與時間有著緊緊關聯，倒不如做一個宇宙星空的時鐘。而星空時鐘需要用到染色技巧。

4 染色前先用清水弄濕皮革，這樣顏色會較均勻。

4

5

5 在染第一種顏色前，先把上色的位置弄濕至凝聚成一個水窪。

6 先由最淺色的開始，將黃色染料點到有水窪的地方。

7 然後到紅色染料，同樣點到水窪中，讓兩種顏色慢慢化開，所以水窪中的水要足夠。

8 中途可用紙巾帶動顏色方向。

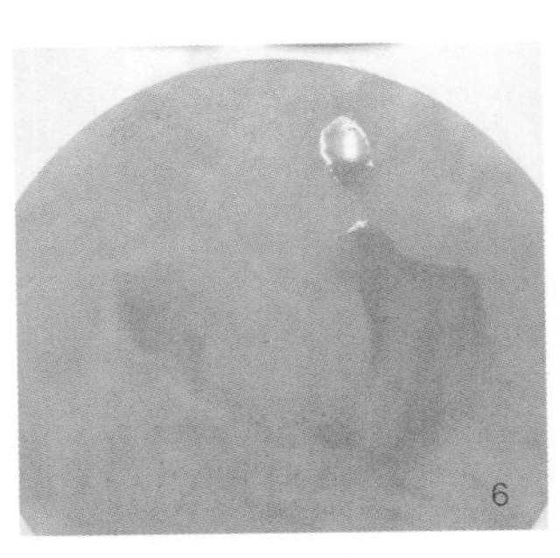

6

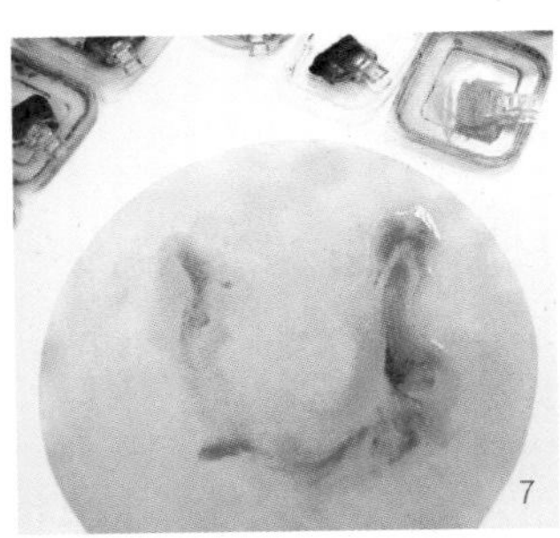

7

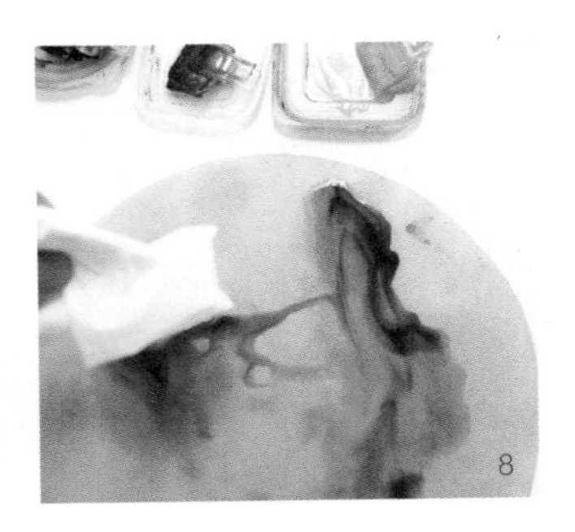

8

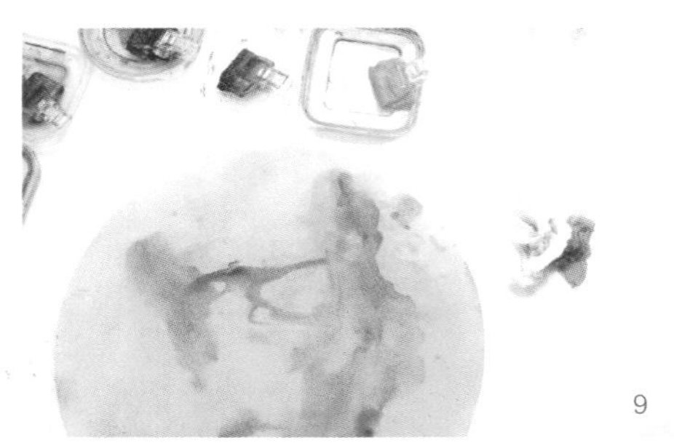

9

9 如果覺得顏色足夠，可用紙巾把所有浮面的水份吸乾。

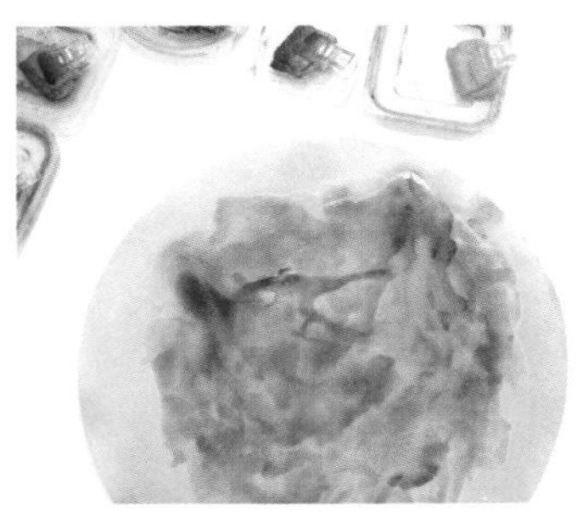

10

10 然後同樣做法，將淺藍色及綠色染料點到水窪中。

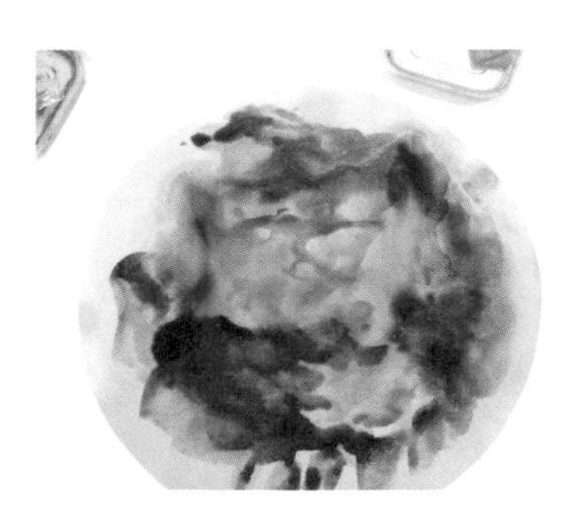

11

11 再到深藍色及紫色染料。

12

12 最後到黑色，先用水再一次弄濕皮面才加入黑色染料。

13

13 可用雙手拉起皮革，讓黑色染料慢慢流動。

14 直至黑色染料覆蓋大部份面積，只保留些少其他顏色。

15 最後用紙巾吸乾整個皮面。

16 這是染色後的模樣。

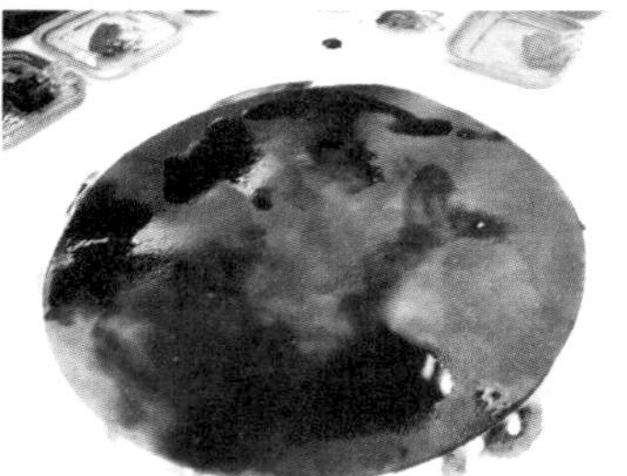

14

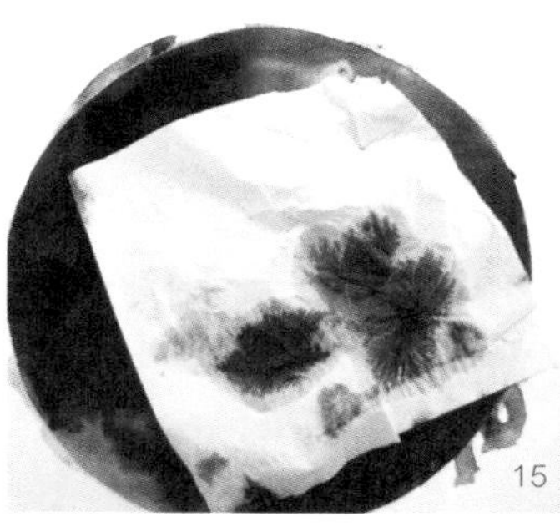

15

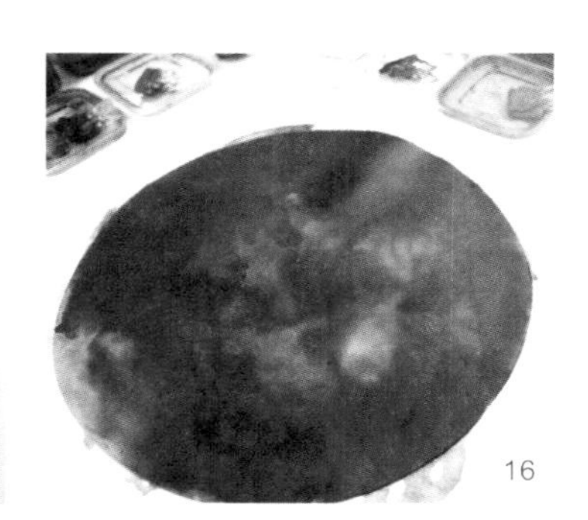

16

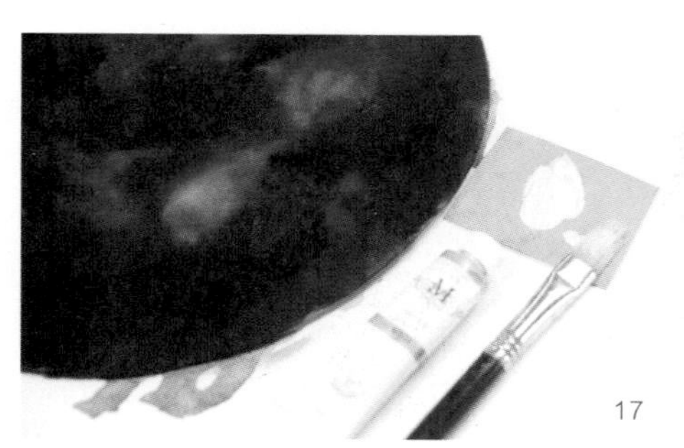

17 星空當然少不了閃亮的星星，可用銀色的染料或閃粉代替。

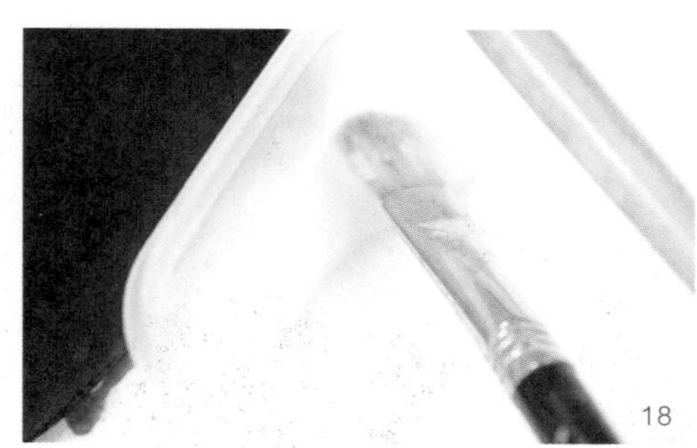

18 把銀色染料開稀。

19 用畫筆彈到皮革上，開始前最好先試一下力度和高度才動手到作品上。

20 如沒有銀色染料，可用塗改液慢慢點到皮革上，也能做到類近的效果。

21 因為染色後皮革比較濕，待乾須時數小時至一日。

22 之後裁切多一張同樣大小的圓形皮革作時鐘底部。

23 用白膠漿將兩塊皮革貼合。

24 將不整齊的部份慢慢修飾。

21

22

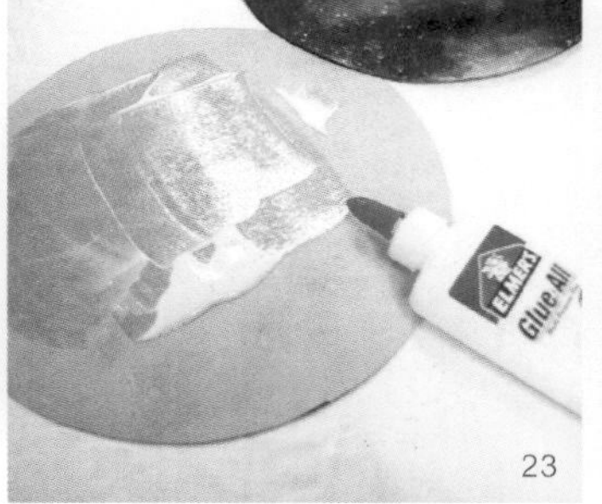

23

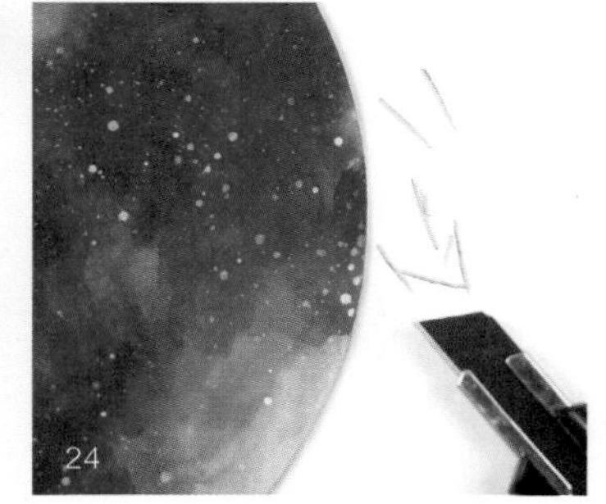

24

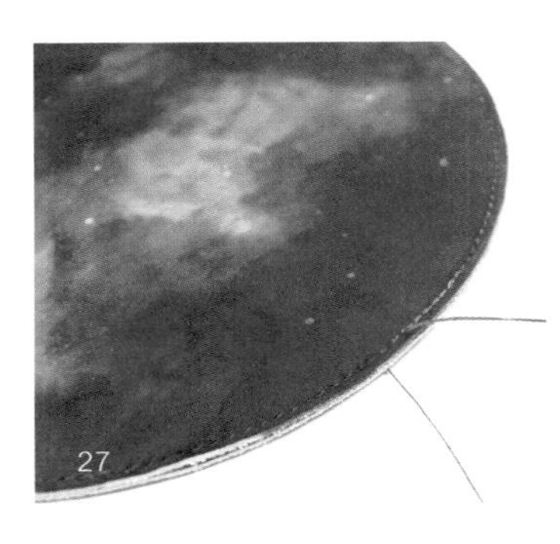

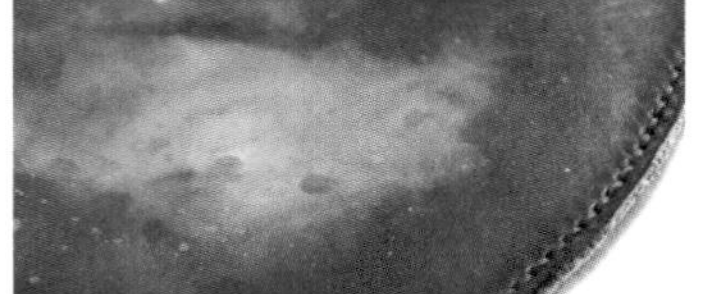

25 沿邊以挖槽器劃出縫線位。

26 沿著標記打孔，因為時鐘是圓形的關係，用兩齒菱斬打孔比較好。

27 把整個圓形縫合起來。

28 用砂紙把邊緣磨合整齊。

29 將邊緣染色並以CMC磨滑至光面。

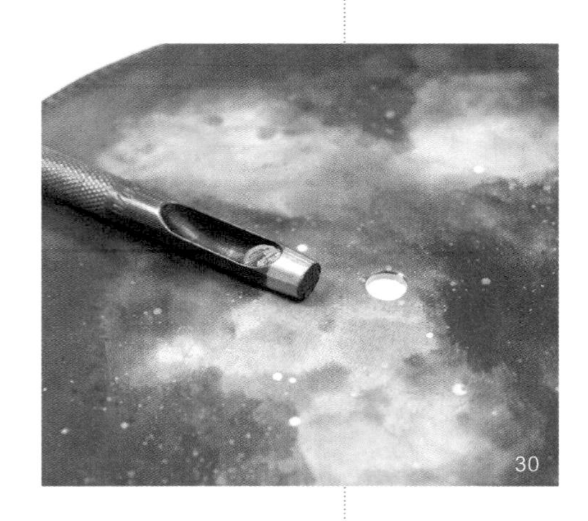

30 在時鐘上找出中心點並打出一個小洞預留作時鐘芯。

31 然後以量角器找出時間上數字的座標。

32 用撞釘數量表示時間數字。

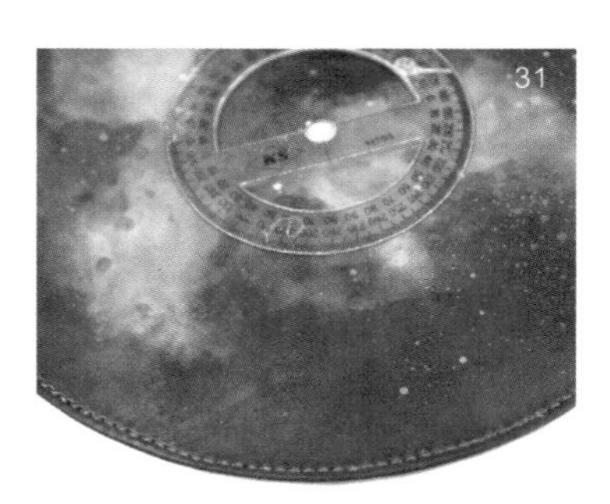

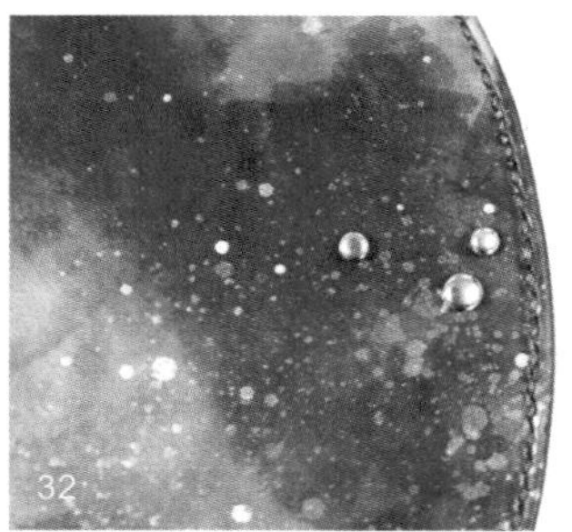

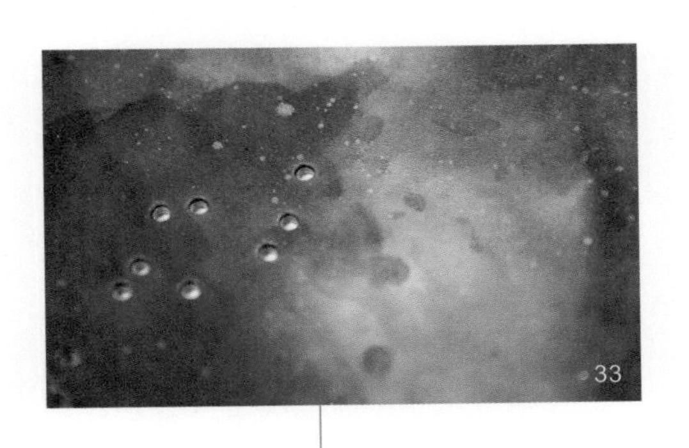

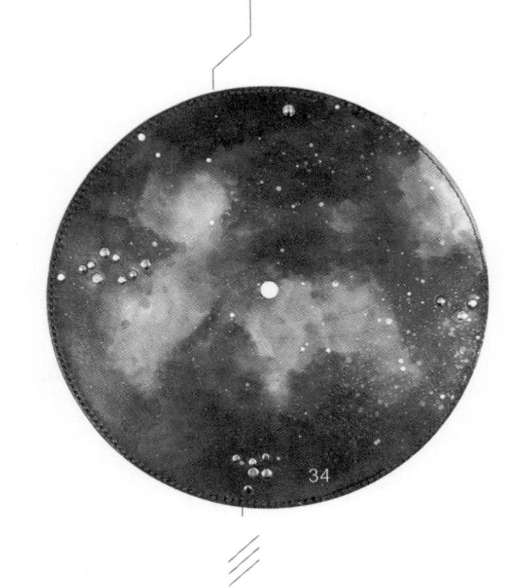

33 可配合星空的畫面，把撞釘不規則地排放，形成一個個星座圖案，令畫面更豐富。

34 為免過多撞釘影響背景，只做四個方位就足夠了。

35 裝上時鐘芯。

36 把時鐘芯的棒穿過中間的洞並扭上螺絲。

37 套上時、分、秒針，完成。

這是一個發揮自由度很大的作品，除了可裁切成圓形外，亦可利用牛皮皮邊不規則的特性，用上一整張小牛皮做出一個有個性的時鐘。

jewelry box
首 飾 盒

將心愛的小飾物整齊排列在高貴典雅的首飾盒裡，再也不用擔心找不到了。

Box
飾盒

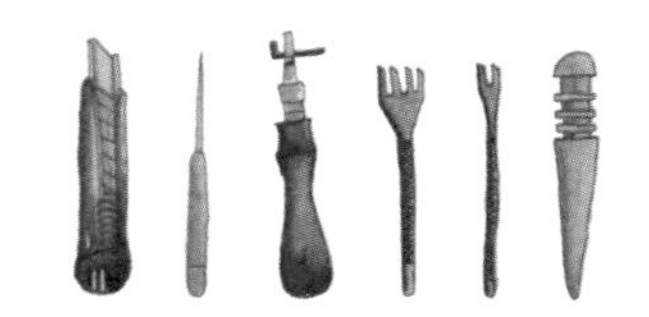

tools & materials

需要工具及材料

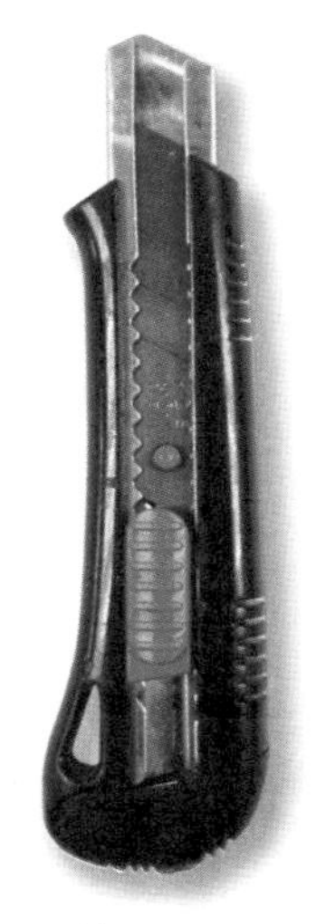

美工刀

菱斬

撞釘模具

tools & materials

主要工具 /

a 美工刀
b 菱斬
c 撞釘模具

主要材料 /

d 挺身牛皮
e 撞釘

難易度 ▶▶▶▶▶

時間 約4小時

steps

製作方法

1 預備一個絨布首飾托盤，當然沒有托盤也可以做一個皮盒子。

2 根據紙樣，裁切出兩塊長方形皮革，細的一塊是盒蓋部份，而大的一塊是包裹著托盤部份。可因應首飾托盤大小而作調整。選用挺身皮革為佳。

3 先把四角的直線裁切。

4 在標記撞釘位置打出小洞。

5 在皮底以錐子劃出摺疊的線路。

6 根據標記線路輕輕按壓摺疊。

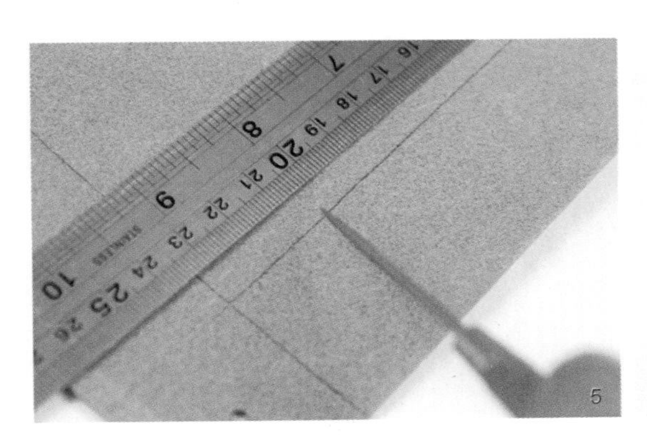

7 同樣，按壓其他邊線並摺疊成盒形。

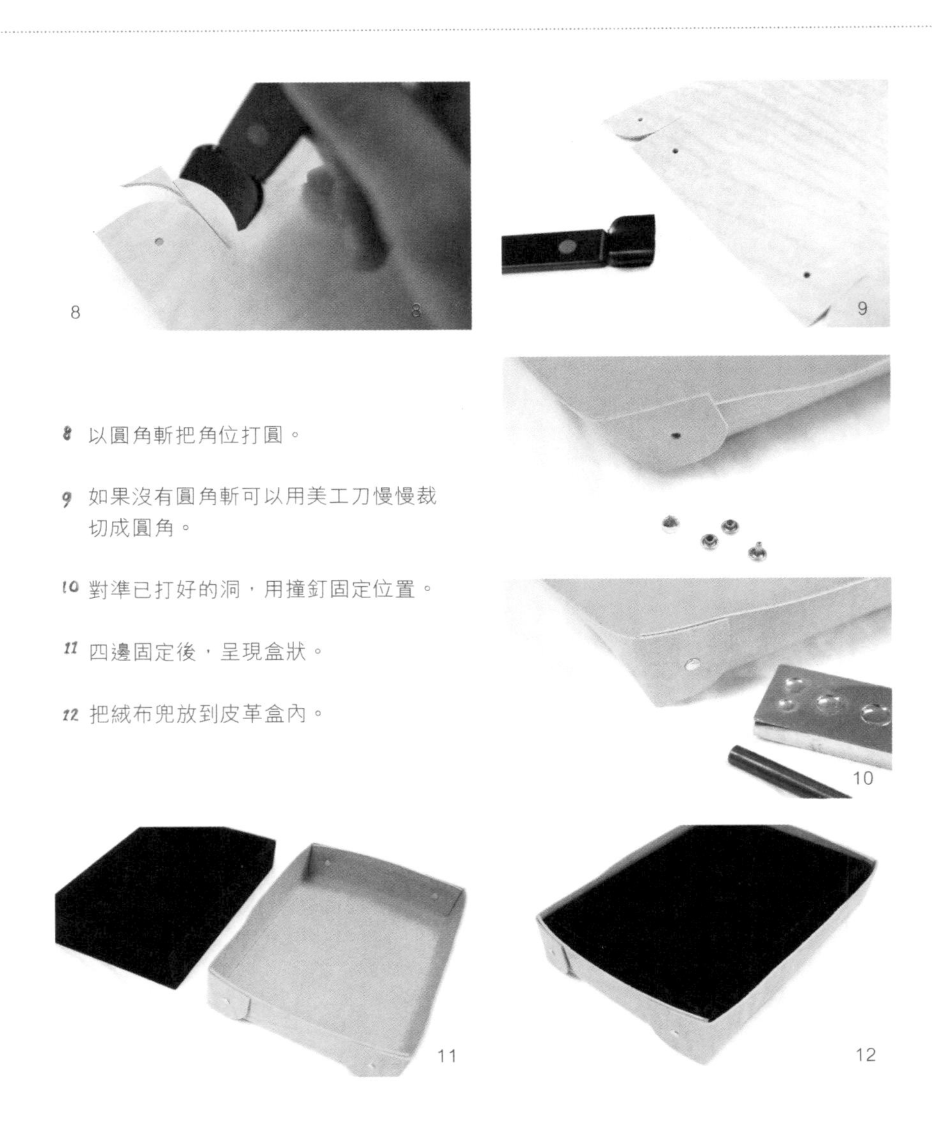

8 以圓角斬把角位打圓。

9 如果沒有圓角斬可以用美工刀慢慢裁切成圓角。

10 對準已打好的洞，用撞釘固定位置。

11 四邊固定後，呈現盒狀。

12 把絨布兜放到皮革盒內。

13 準備的盒蓋皮革，以同樣做法裁切出來。

14 用撞釘把四角固定。

15 盒蓋是剛剛好覆蓋在托盤上，簡約而型格的小盒子已完成。

16 略嫌小盒子太單調，可預備多一條皮條作扣位。

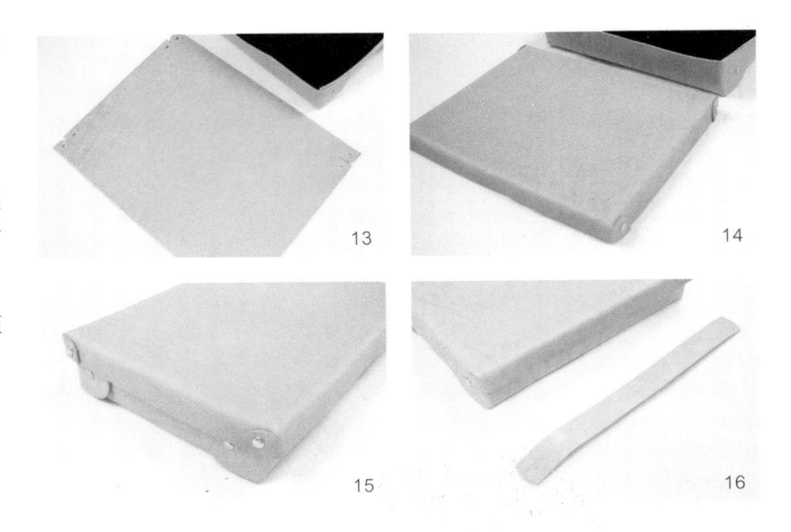

13 14 15 16

17

18

19

17 撞釘同時固定在蓋部及底部。

18 在托盤皮革的正面裝上和尚扣。

19 在皮上條打一個小孔，並在小孔上裁切一小部份，做出套入和尚扣的位置。

20 嘗試能否扣合，若太緊可裁切長一點。

21 另外可用小牌子固定皮條。

20

21

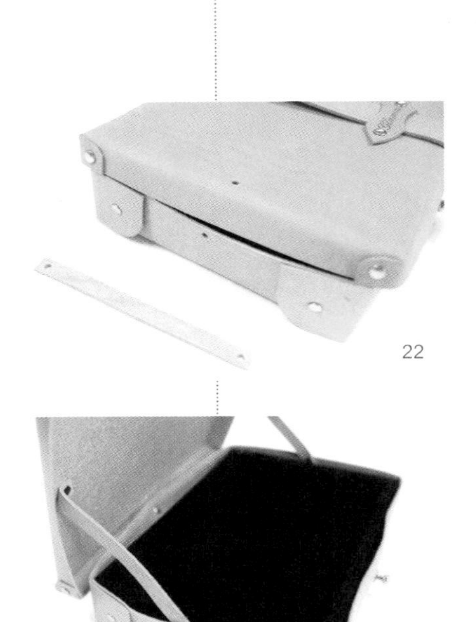

22

23

22 裁切兩條幼皮條。

23 釘在盒蓋及托盤上，這樣打開首飾盒時可固定盒蓋。

24 上油保護皮革，完成。

24

如想把首飾或小首飾整齊分開擺放，可以將絨布托盤轉成格仔盒就更方便！

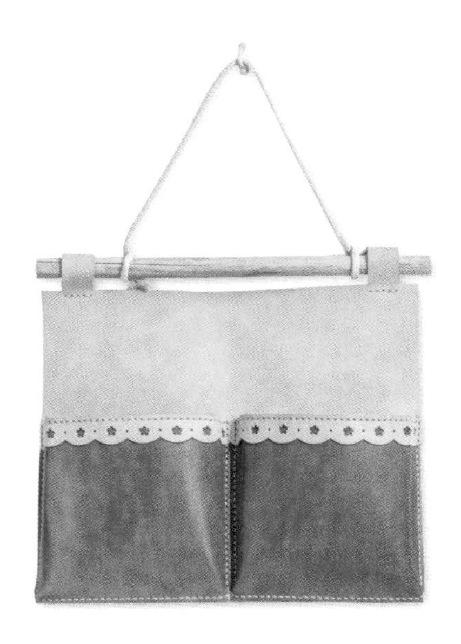

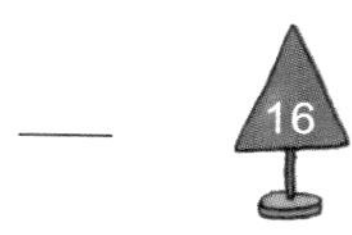

wall hanging storage bag

掛 牆 雜 物 袋

設計簡潔，無需複雜技巧，收納必備的掛牆雜物袋，

既可保持家居整潔，又不失過人風格。

Wall Hanging
Storage Bag
掛牆雜物袋

tools & materials

需要工具及材料

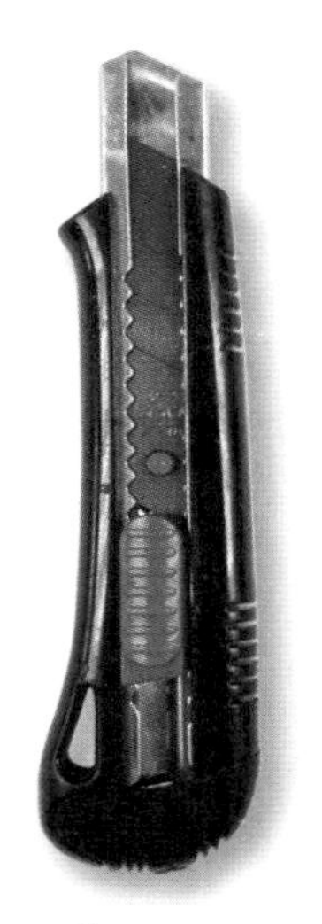

美工刀

菱斬

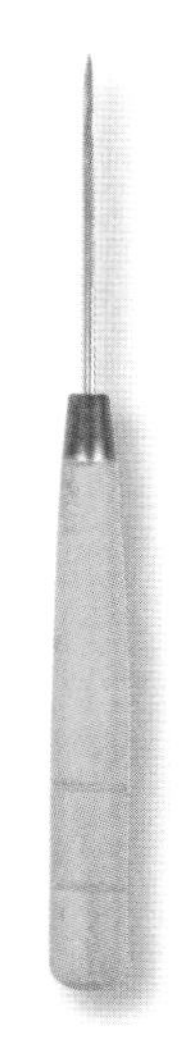

錐

tools & materials

主要工具 /

a 美工刀
b 菱斬
c 花形沖
d 間尺
e 錐子
f 雙面膠紙

主要材料 /

g 牛皮
h 木條
i 麻繩 / 棉繩

難易度 ▶▶▶▶▷

時間 約4小時

steps

製作方法

1 首先預備一條堅固的木條，可在街上找不規則的樹技亦可，同時準備一條麻繩或棉繩作掛牆之用。

2 雜物袋由一張主體，兩塊前袋及兩條皮條組成。

3 先把皮條對摺套著木條，並用菱斬打孔。

4 另外在主體皮革頂部打出同樣孔數。

1

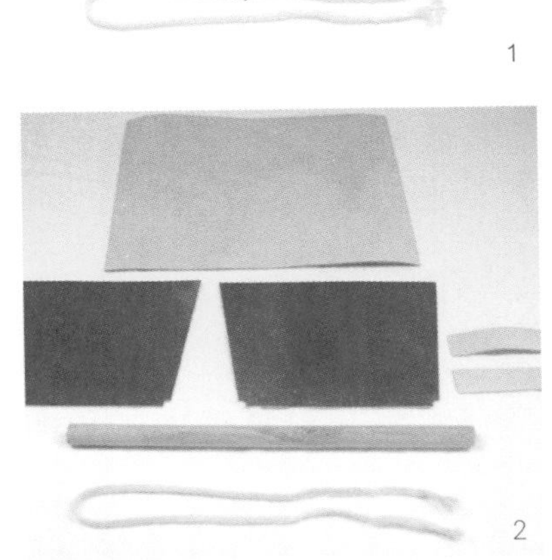

2

4

3

5 將皮條縫合在主體上。

6 以麻繩綁在木條上作掛牆之用。

7 然後到前袋部份，為了可以放更多的東西，前袋部份的皮革會裁切成梯形，而兩個梯形的底部加起來就是主體的闊度。

8 梯形底部的兩角要裁走一個小角，以便角位摺合時更完整，同時可裝飾一下前袋。

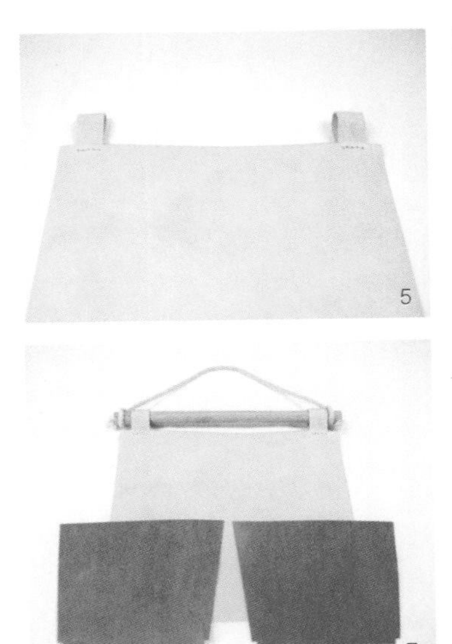

5

7

6

8

10

11

9 預備一條皮條及圓角斬，為袋身作一條花邊。

10 以圓角斬沿著皮條邊緣打出弧形。

11 然後裁切至前袋的長度。

12 皮條上再以花形沖打孔，用間尺及錐子協助，在皮條上作標記使花紋間距相同。

13 跟著標記用花形沖子打出花紋。如果沒有花形沖子，可預先設計好花紋，單以圓形沖子也可以做出一些很漂亮的圖案。

14 把花紋皮條貼到袋身並沿邊打孔。

15 同樣，另一個前袋也把花紋邊縫合上。

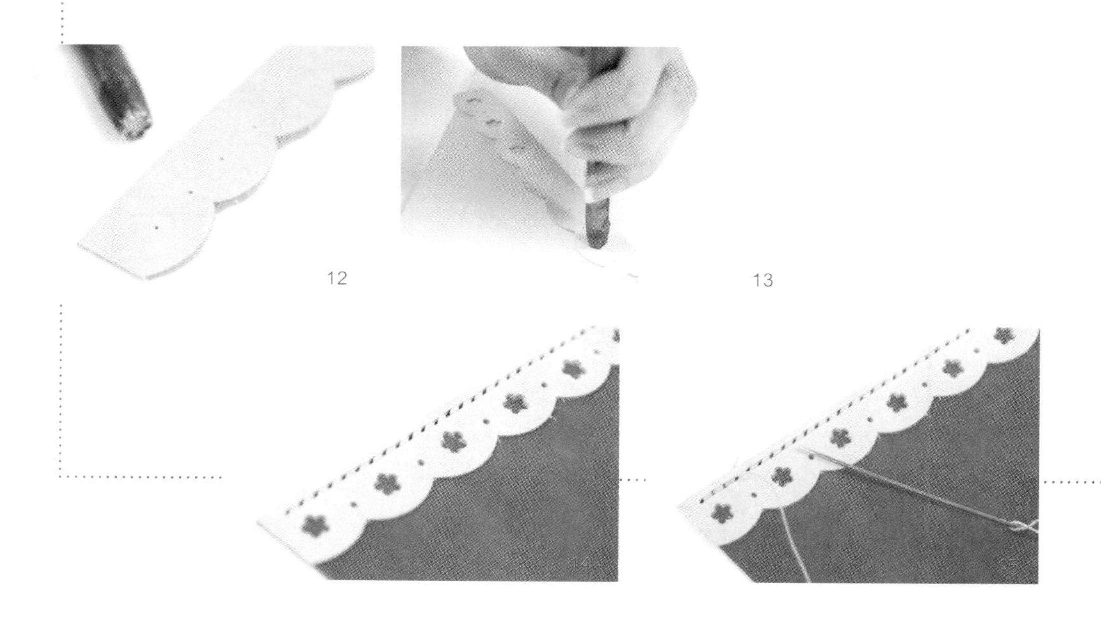

12

13

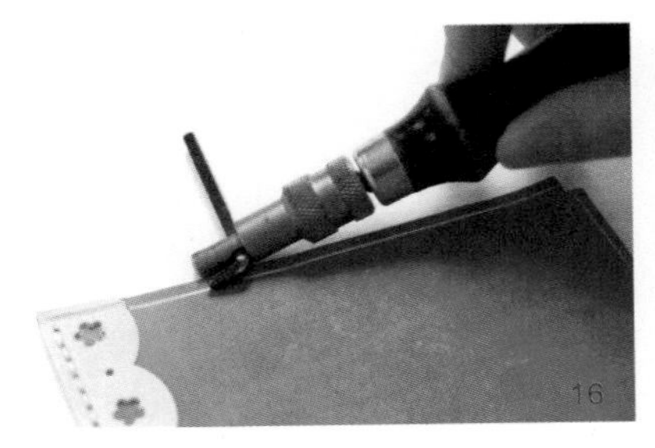

16

17

18

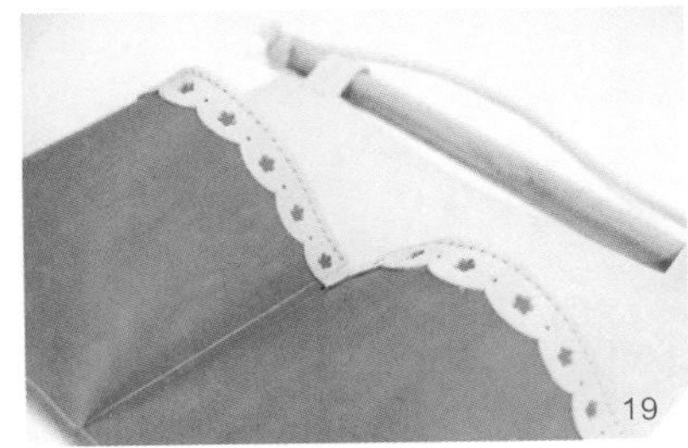

19

16 用挖槽器沿著前袋邊位畫出縫線標記。

17 然後到主體皮革，先以錐子在主體正中間畫線作標記。

18 在前袋背面貼上雙面膠紙。

19 把兩個前袋貼合到主體皮革上。

20 沿著邊線打孔。

21 並縫合到主體皮革上，作皮面保護及邊緣修飾，完成。

除了這個間格外，大家也可試試在前袋下邊多做一層大格，可以放更多的雜物、信件等。

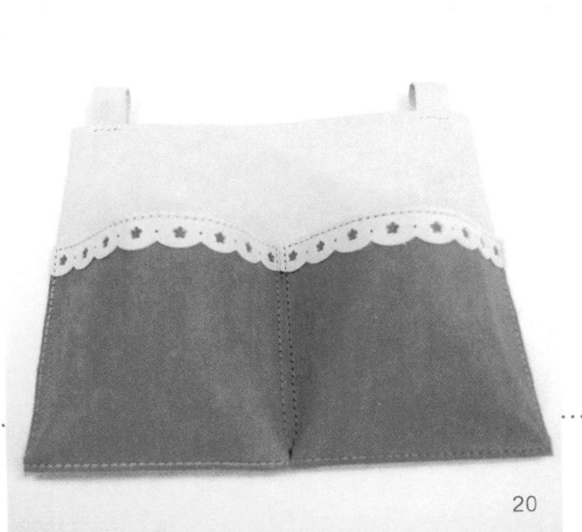

20

21

workshop information

書中製作的皮革品皆是由 GLAMOUR LEATHERSHOP 設計，並透過簡單易明的圖解步驟示範皮革必學的基本技巧。

另外工作室亦致力於教授皮革課程，讓同學們親手製作別出心裁的皮革品。

因為 King 從小是靠自學用雙手創作各玩意，所以並不受限於固有的觀念，可以創作出天馬行空的皮革品。

因此工作室除了教授基本技巧外，如果同學表達出自己的意念，也可以把幻想創作出來。

這也是我們深信的手作概念，是人和皮革的融合，將靈感注入皮革品上才可創作出最貼心實用的作品。

glamour leathershop

九龍觀塘鴻圖道 60 號鴻福大廈 6 樓 A8 室

9586 2044

平日 15:00 - 23:00，六日 13:00 - 21:00

facebook.com/glamourleather

glamourleathershop

讓皮革融入居室，家居散發簡約風

手創皮革小物 2

作者	Glamour Leathershop
總編輯	Ivan Cheung
責任編輯	Sophie Chan
助理編輯	Tessa Tung / Winki Poon
文稿校對	Jessie Lee
封面設計	Eva
內文設計	Eva
攝影	Faidias Hu
出版	研出版 In Publications Limited
市務推廣	Samantha Leung
查詢	info@in-pubs.com
傳真	3568 6020
地址	九龍太子白楊街 23 號 3 樓
香港發行	春華發行代理有限公司
地址	香港九龍觀塘海濱道 171 號申新證券大廈 8 樓
電話	2775 0388
傳真	2690 3898
電郵	admin@springsino.com.hk
台灣發行	繪虹企業股份有限公司 / 大風文化
電話	02-29155869#10
傳真	02-29150586
電郵	rphsale02@gmail.com
出版日期	2016 年 1 月 29 日
ISBN	978-988-14771-9-4
售價	港幣 118 元 / 新台幣 530 元